Alberth Brun

Neumática e Hidráulica

Alberth Brun

Neumática e Hidráulica

Conceptos básicos sobre las leyes generales de la Neumática e Hidráulica

Editorial Académica Española

Imprint
Any brand names and product names mentioned in this book are subject to trademark, brand or patent protection and are trademarks or registered trademarks of their respective holders. The use of brand names, product names, common names, trade names, product descriptions etc. even without a particular marking in this work is in no way to be construed to mean that such names may be regarded as unrestricted in respect of trademark and brand protection legislation and could thus be used by anyone.

Cover image: www.ingimage.com

Publisher:
Editorial Académica Española
is a trademark of
International Book Market Service Ltd., member of OmniScriptum Publishing Group
17 Meldrum Street, Beau Bassin 71504, Mauritius

Printed at: see last page
ISBN: 978-620-0-05231-5

Neumática e Hidráulica

Conceptos básicos sobre las leyes generales de la neumática e hidráulica

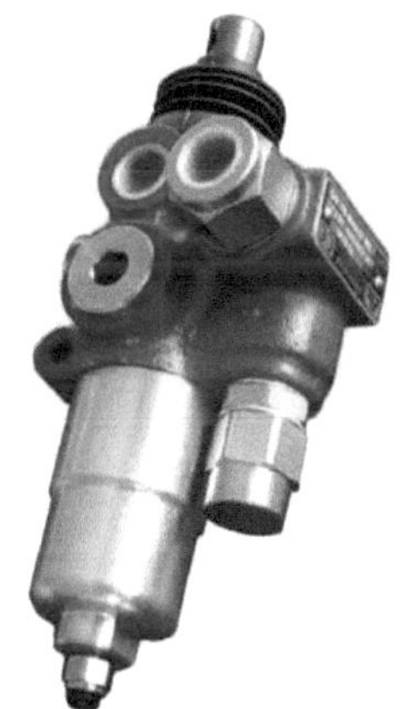

2019

Autor: Alberth Christian Brun Ledezma

Dedicatorias y agradecimientos

A mi abuelita, por estar siempre en los momentos importantes de mi vida, por ser el ejemplo para salir adelante. Este trabajo es el resultado de lo que me has enseñado y ayudado en mi vida. Gracias por tu paciencia, por enseñarme el camino de la vida, por el amor que me has dado y por tu apoyo incondicional en mi vida. Gracias por llevarme en tus oraciones porque estoy seguro que siempre lo haces.

A mi hermanito por estar siempre a mi lado, y apoyarme como el mejor amigo que eres. Siempre quize un hermano y ahora que lo tengo soy consciente de que para el ser humano el hermano es el mejor regalo. Gracias por regalarme sonrisas las cuales me sacan de un dia oscuro que pueda llegar a tener. Siempre contaras conmigo para seguirte enseñando lo hermoso que puede llegar a ser la vida cuando uno no esta solo. Confio en ti como en nadie y se que lograras ser mejor persona de lo que yo podria llegar a ser.

A mi madre, por ser la mejor amiga y compañera que me ha ayudado a crecer, gracias por estar siempre conmigo en todo momento. Gracias por la paciencia que has tenido para enseñarme, por tus cuidados y noches de desvelo por enfermedades que tuve, por todos los regaños que me merecia y que no entendia que al dia de hoy me hizo ser la persona que soy.

A mi padre que es la persona al que me puse como objetivo poder algun dia superar, gracias por todos los consejos que han sido de gran ayuda para mi vida y crecimiento ya que has sido una persona honesta, entregada a tu trabajo, y un gran lider, pero mas que todo eso, una gran persona que siempre ha podido salir adelante y ser un triunfador sin miedo a nada. Gracias por confiar en mi.

A Fernanda Fadic por ser mi compañera y estar conmigo apoyandome hasta donde pudiste. Gracias por compartir tu vida a mi lado y tambien compartir esta gran etapa importante en mi vida. Por todo el amor que me das dia con dia. Tu me enseñaste que no importa el estar solo siempre hay que levantarse y luchar por lo que uno quiere.

Y por ultimo gracias a toda mi familia y personas que forman parte de mi vida, aquellos que no están presentes, y a todos los que un dia influyeron en mi ser y formacion aportando con su granito para que este proyecto sea posible.

INDICE

INTRODUCCION

La neumática y la hidráulica se encargan respectivamente al estudio de las propiedades y aplicaciones de los gases comprimidos y de los líquidos. Etimológicamente estas palabras derivan de las griegas pneuma e hydro, que significan (Viento) y (Agua). Aunque las aplicaciones de los fluidos (gases y líquidos) no son nuevas, lo que sí es relativamente reciente es su empleo en circuitos cerrados en forma de sistemas de control y actuación.

Dado que el equilibrio y movimiento de los fluidos se origina por acción de fuerzas renovadas no se emplean en su estudio la estática y la dinámica como tales; en cambio, para su análisis se emplean, las leyes del movimiento de Newton, la primera y segunda ley de la termodinámica, el principio de conservación de la masa y la energía, ecuaciones que relacionan las propiedades físicas de los fluidos y la ley de Newton en la viscosidad.

Se dedica al estudio de líquidos y gases por sus propiedades físicas (movimiento y equilibrio de fluidos), específicamente, a los aceites usados en el funcionamiento de máquinas y las distintas presiones a las que son sometidos. Se utiliza en los procesos industriales, para controlar maquinarias pesadas (excavadoras, tractores, grúas, entre otros).

La importancia de la asignatura es que construye máquinas que se dedican a alguna industria o empresa relacionada con la ingeniería, que tienen como finalidad transformar las materias en productos elaborados, de forma masiva.

TEMA 1: Aplicaciones de la neumática

Está presente en cualquier proceso industrial, manual o semiautomático que requiera incrementar su producción, aumentando la calidad del producto y mejorar su calidad. La neumática se ha convertido en un elemento imprescindible en la automatización de la producción de todos los sectores industriales.

Industrial automovilística	Industria textil
Industrial agroalimentarias y cárnicas	Industria química
Industria alimenticia	Industrias de procesos continuos
Producción de energías	Refinerías e industrias petrolíferas
Imprentas y artes graficas	Máquinas de embalaje
Sujeción de herramientas	Ensamblaje y manipulación
Robótica	Construcción

1.1 Ventajas y desventajas hidráulica

La hidráulica es una rama de la física y la ingeniería que se encarga del estudio de las propiedades mecánicas de los fluidos. Todo esto depende de las fuerzas que se interponen con la masa (fuerza) y empuje de la misma.

Ventajas

- Transmisión de fuerzas
- Posicionamiento exacto
- Arranque desde cero con carga máxima
- Movimientos homogéneos e independientes de la carga
- Buenas características de mando
- Protección de sobrecarga

Desventajas

- Contaminación del entorno
- Sensibilidad a la suciedad
- Dependencia de la temperatura

1.2 Ventajas y desventajas neumática

La neumática es la tecnología que emplea el aire comprimido como modo de transmisión de la energía necesaria para mover y hacer funcionar mecanismos. El aire es un material elástico y, por tanto, al aplicarle una fuerza se comprime, mantiene esta compresión y devuelve la energía acumulada cuando se le permite expandirse, según dicta la ley de los gases ideales.

<u>Ventajas</u>

- Cantidad: en cualquier lugar se dispone de cantidad de aire

- Transporte: tiene facilidad a grandes distancias a través de tuberías

- Temperatura: no se afecta por los cambios de temperatura

- Almacenamiento: es posible almacenar en acumuladores desde el cual puede abastecer el sistema

- Seguridad: no hay riesgo

- Limpieza: no es sucio

- Velocidad: el aire comprimido es un medio de trabajo rápido

<u>Desventajas</u>

Acondicionamiento: el aire comprimido tiene que ser acondicionado, ya que puede producirse un desgaste de los elementos mecánicos neumáticos.

Fuerza: el aire comprimido es económico solamente hasta 20,000 y 30,000 Newtons según la carrera y la velocidad.

Aire de escape: el escape de aire produce mucho ruido.

1.3 Tipos de sistemas y unidades

En física se manejan las cantidades básicas siguientes:

- Longitud
- Masa
- Fuerza
- Tiempo

PROYECTO DE RIEGO POR GRAVEDAD TECNIFICADO

Que están relacionadas con la segunda ley de Newton, dada por la expresión

$F = ma$

En los sistemas de unidades, las unidades de tres de las cantidades anteriores se definen directamente y se llaman fundamentales, en tanto que, la cuarta y todas las que a partir de aquéllas se obtienen, se llaman cantidades derivadas. Cuando las magnitudes o cantidades fundamentales son la longitud, la masa y el tiempo y la cantidad derivada es la fuerza, el sistema de unidades se llama absoluto o científico;

en tanto que, si la cantidad derivada es la masa y la fuerza pasa a ser cantidad fundamental junto con la longitud y el tiempo, el sistema se llama gravitacional o ingenieril.

En ambos tipos de sistemas, para expresar en forma genérica las unidades de estas cantidades básicas, se usan sus iniciales colocadas entre paréntesis rectangulares y se denominan dimensiones en el que se sintetiza la clasificación expuesta de dicho sistema.

m = F/a

TIPO DE SISTEMA	MAGNITUD FUNDAMENTAL		MAGNITUD DERIVADA
Absoluto o científico	Longitud	[L]	Fuerza [F]
	Masa	[M]	F= ma
	Tiempo	[T]	
Gravitacional o ingenieril	Longitud	[L]	Masa [M]
	Fuerza	[F]	M=F/a
	Tiempo	[T]	

1.3.1 Simbolos de unidades

1.3.1.1 Sistema internacional

Cantidad	Simbolo de cantidad	Nombre de la unidad	Simbolo de la unidad
Longitud	L	Metro	m
Masa	M	Kilogramo masa	kgm
Fuerza	F	Kilogramo fuerza	Kgf
Tiempo	T	Segundo	s

Corriente electrica	I	Ampere	A
Temperatura termodinamica	T	Grado kelvin	K
Cantidad sustancia	N	Mol	mol

1.3.1.2 Cantidades especiales

Cantidad	Nombre de la unidad	Símbolo de la unidad	Definición de la unidad
Fuerza	Newton	N	Kg*m*s-2
Presión=fuerza/área	Pascal	Pa	N*m-2
Energía	Joule	J	N m
Potencia=energía/tiempo	Watt	W	J*s-1
Carga eléctrica	Coulomb	C	A s
Diferencia de potencia eléctrica	Volt	V	J*C-1
Resistencia eléctrica	Ohm	Ω	V*A-1

1.4 Fundamentos físicos

1.4.1 Presión P

Representa la fuerza F ejercida sobre una superficie A

$$P = \frac{F}{A}$$

Sin embargo, todavía se siguen utilizando otras unidades:

	PSI	Atmosf.	kg/cm^2	cm c.a.	mm Hg	Bar	Pa
PSI	1	0,0680	0,0703	70,31	51,72	0,0689	7.142
Atmósfera	14,7	1	1,033	1033	760	1,0131	1,01 10^5
kg/cm^2	14,22	0,9678	1	1000	735,6	0,98	98.100
cm c.a.	0,0142	0,00096	0,0010	1	0,7355	0,0009	100
mm Hg	0,0193	0,0013	0,0013	0,0013	1	0,00133	133
Bar	14,5	0,987	1,02	1024	750	1	10^5
Pa	1,4 10^{-4}	0,987 10^{-5}	0,102 10^{-4}	0,01	0,0075	10^{-5}	1

El vacío: se considera cuando tenemos una presión menor a la atmosfera

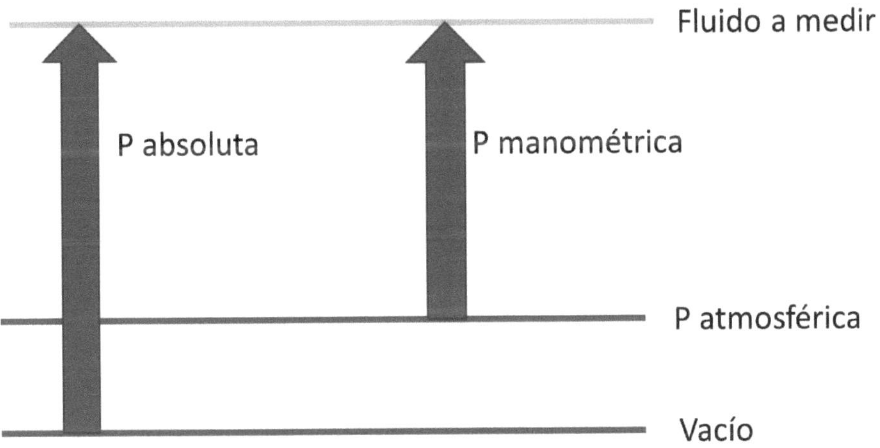

1.4.2 Humedad

Representa la cantidad de agua (en forma de vapor) que hay en el aire, y depende fundamentalmente de la temperatura del mismo.
Se pueden distinguir:

1.4.2.1 Humedad absoluta (H)

Representa la cantidad total de vapor de agua que hay en el aire. Se mide en gr/m3. Esta magnitud no se usa puesto que el dato obtenido no es objetivo, sino que depende de la temperatura.

1.4.2.2 Humedad relativa (Hr)

Indica la relación entre la humedad del aire mv y la máxima humedad que podríamos tener a una temperatura dada, es decir, masa de vapor saturado ms. Es adimensional.

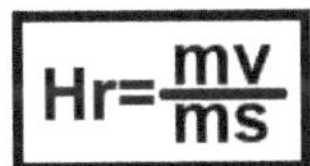

$$Hr = \frac{mv}{ms}$$

1.5 Ley de los gases

Considerando el aire como un gas perfecto, podemos aplicar los siguientes conceptos:

1.5.1 Ley de Boyle – Mariotte

Si consideramos un gas perfecto encerrado en un cilindro en el que provocamos una expansión isotérmica, es decir, a temperatura constante, se cumple la siguiente expresión:

$$p_1 \cdot v_1 = p_2 \cdot v_2 = Cte. \iff \Delta T = 0$$

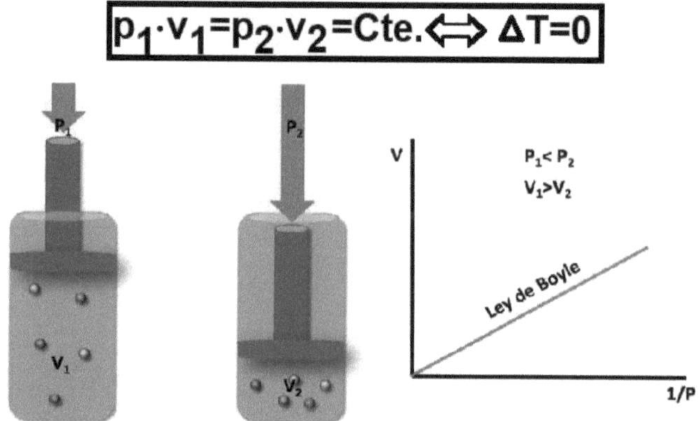

1.5.2 Ley de Gay Lussac

Si consideramos un gas perfecto en un cilindro en el que provocamos una expansión isobárica, es decir, a presión constante, se cumple:

$$\frac{V_1}{T_1} = \frac{V_2}{T_2}$$

1.5.3 Ley de Charles

A volumen constante, la presión absoluta de una masa de gas determinada, es directamente proporcional a su temperatura absoluta.

$$\frac{P_1}{T_1} = \frac{P_2}{T_2}$$

1.6 La Ley general de los gases

Las relaciones anteriores se combinan para proporcionar la ecuación general de los gases perfectos.

$$\frac{P_1 \cdot V_1}{T_1} = \frac{P_2 \cdot V_2}{T_2}$$

Esta ley proporciona una de las bases teóricas principales para el cálculo a la hora de diseñar o elegir un equipo neumático, cuando sea necesario tener en cuenta los cambios de temperatura.

1.7 Ecuación de los gases perfectos

Si consideramos al aire como gas perfecto y tenemos en cuenta las anteriores leyes:

$$P \cdot V = n \cdot R \cdot T$$

Donde:
P= presión absoluta de gas
V= Volumen
n= Números de moles de gas
R=Constante universal de los gases ideales
T=Temperatura absoluta representada en grados Kelvin °K

1.7.1 Caudal Q

Es la cantidad de fluido que circula a través de una sección del ducto por unidad de tiempo. Normalmente se identifica con el flujo volumétrico o volumen que pasa por un área dada en la unidad de tiempo. Menos frecuentemente, se identifica con el flujo másico o masa que pasa por un área dada en la unidad de tiempo.

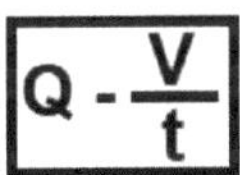

TEMA 2: Instalación básica de un sistema neumático

2.1 SISTEMA NEUMATICO BASICO

Se compone de dos secciones principales:

- Sistema de producción

- Sistema de aire

Dentro de la unidad de mantenimiento encontramos:

- Filtro

- Regulador

- Administrador

Para instalar un sistema neumático básico en una planta se debe de tener:

- Planta compresora

- Tuberías

- Válvulas de control

- Actuadores neumáticos

- Aparatos auxiliares

2.2 Funcionamiento de componentes

Los cilindros neumáticos, los actuadores de giro y los motores de aire suministran la fuerza y el movimiento a la mayoría del control neumático para sujetar, mover, formar y procesar el material.

Para accionar y controlar estos actuadores, se requieren otros componentes neumáticos, por ejemplo, unidades de acondicionamiento de aire para preparar el aire comprimido y válvulas para controlar la presión, el caudal y el sentido del movimiento de los actuadores.

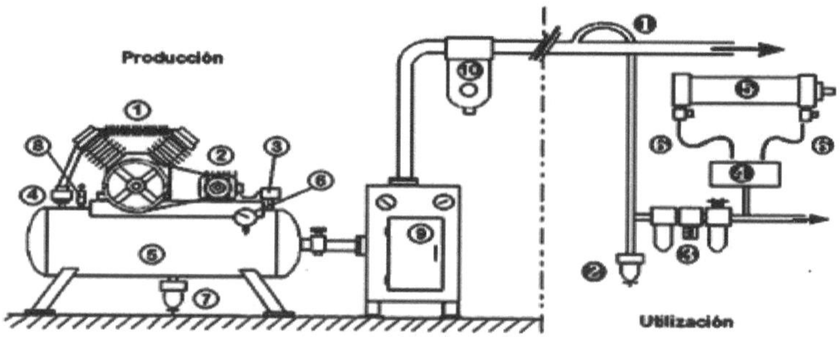

Componentes y sus funciones principales son:

1.-**Compresor:** El aire tomado a presión atmosférica se comprime y entrega a presión más elevada al sistema neumático. Se transforma así la energía mecánica en energía neumática.
2.-**Motor eléctrico:** Suministra la energía mecánica al compresor, transforma la energía eléctrica   en   energía   mecánica.
3.-**Presostato:** Controla el motor eléctrico detectando la presión en el depósito. Se regula a la presión máxima a la que desconecta el motor y a la presión mínima a la que vuelve a arrancar el   motor.
4.-**Válvula anti-retorno:** Deja el aire comprimido del compresor al depósito e impide su retorno cuando   el   compresor   está   parado.
5.-**Depósito de aire comprimido**: Su tamaño está definido por la capacidad del compresor. Cuanto más grande sea su volumen, más largos son los intervalos entre los funcionamientos del   compresor.

6.-**Manómetro:** Indica la presión del depósito.
7.-**Purga automática:** Purga toda el agua que se condensa en el depósito sin necesidad de supervisión.
8.-**Válvula de seguridad:** Expulsa el aire comprimido si la presión en el depósito sube encima de la presión permitida.
9.-**Secador de aire refrigerado:** Enfría el aire comprimido hasta pocos grados por encima del punto de congelación y condensa la mayor parte de la humedad del aire, lo que evita tener agua en el resto del sistema.
10.-**Filtro de línea:** Al encontrarse en la tubería principal, este filtro debe tener una caída de presión mínima y la capacidad de eliminar el aceite lubricante en suspensión, sirve para mantener la línea libre de polvo, agua y aceite.

2.3 Distribución y acondicionamiento del aire comprimido

Las instalaciones industriales están provistas de elementos de almacenamiento, distribución y tratamiento.

Circuito que sigue el aire comprimido:

El aire comprimido generado por el compresor pasa por un separador que retiene la mayor parte del agua en suspensión para acumularlo posteriormente en el depósito y así poder pasarlo a la red de distribución. Las impurezas que arrastra el aire son motivo de averías que en ciertos casos pueden llegar a dañar gravemente los componentes del sistema neumático. El separador, que se encuentra justo después del compresor, se encarga de filtrar ese aire.

Una vez acumulado pasa a una red de distribución, esta está compuesta de diversos elementos que permiten un correcto mantenimiento. Esto ha de permitir conducir el aire comprimido para que se produzcan las menores pérdidas posibles hasta los puntos de consumo. Los elementos de los que consta son:

- **Tubos:** Deben ser de fácil instalación y resistentes a la corrosión. Están hechos principalmente de cobre, latón, acero o plástico.
- **Tuberías:** Suelen estar soldadas entre sí para evitar pérdidas de presión.

La red de distribución siempre debe ser cerrada, para que la presión de servicio sea más estable. Debe tener una cierta pendiente para conseguir la acumulación del agua condensada en el punto más bajo.

El aire comprimido siempre debe estar acondicionado ya que, si no, como ya es sabido puede provocar fallos graves.

Por último, la unidad de acondicionamiento retiene las impurezas que arrastra el aire y sirve para establecer y mantener una presión de alimentación determinada. También proporciona al aire comprimido el lubricante necesario para disminuir rozamientos internos y el desgaste. Está compuesto por tres partes fundamentales:

- **Filtro:** Libera al aire comprimido de todas las impurezas y del vapor de agua en suspensión.
- **Regulador:** Establece y mantiene la presión de salida (presión de trabajo) lo más estable posible, independientemente de las variaciones que sufra la presión de red y del consumo del aire.

- **Lubricador:** Los elementos neumáticos, deben recibir una pequeña dosis de aceite para la lubricación de las piezas móviles de las que consta, de ahí que tras filtrarse y regularse la presión del aire, se pase este a través de un lubricador, donde este se mezcla con una fina capa de aceite que arrastra en suspensión.

2.4 Calidad de aire comprimido en áreas de aplicación

Áreas de aplicación	Grado de calidad		
	Contenido de partículas sólidas	Contenido de agua	Contenido de aceite
Agitación por aire	3	6	3
Motores neumáticos, grandes	4	5–2	5
Motores neumáticos, miniaturas	3	4–2	3
Turbinas eólicas	2	3	3
Transporte de granulados	3	5	3
Transporte de polvo	2	4	2
Fluidizadores	2	3–2	2
Maquinaria de fundición	4	5	5
Contacto con alimentos	2	4	1
Herramientas neumáticas, industriales	4	6–5	4
Maquinaria de minería	4	6	5
Empaquetadoras	4	4	3
Maquinaria textil	4	4	3
Cilindros neumáticos	3	4	5
Manipulación de películas	1	2	1
Reguladores de precisión	3	3	3
Instrumentos de proceso	2	3	3
Chorro de arena	-	4	3
Pintura con pistola	3	4–3	3
Máquinas de soldar	4	5	5
Aire de taller general	5	4	5

2.4.1 Calidad del aire comprimido

La ISO-8573 recoge un conjunto de normas encaminadas a regularizar los estándares en la calidad del aire comprimido, independientemente de la ubicación del sistema de aire comprimido en el que se especifique o se mida el aire.

Esta normativa, y en particular la ISO 8573-1, regula los valores máximos admitidos de partículas, humedad y aceite en el aire comprimido. Para ello ha establecido una tabla que combina los diferentes grados de calidad requerida:

Grado de calidad	Contenido de partículas sólidas		Contenido de agua		Contenido de aceite
	Tamaño máx. mu	Cantidad máx. mg/m³	Punto de rocío °C	Cantidad g/m³	Cantidad máx. mg/m³
1	0,1	0,1	− 70	0,003	0,01
2	1	1	− 40	0,11	0,1
3	5	5	− 20	0,88	1,0
4	40	10	+ 3	6,0	5
5	–	–	+ 7	7,8	25
6	–	–	+ 10	9,4	–

2.5 Unidad de mantenimiento

Representan una combinación de los siguientes componentes, los cuales cumplen una función particular dentro del sistema:

Filtro de aire comprimido, Regulador de presión y Lubricador de aire comprimido.

2.5.1 FUNCIONAMIENTO

- **Filtro de aire:** Tiene la función de extraer del aire comprimido todas las impurezas (Partículas de metal, suciedad, etc.) y el agua condensada. Las maquinas actuales que funcionan con aire requieren de un aire de excelente calidad, de lo contrario las impurezas presentes podrían causar daños a las partes internas, consecuencia de esto, cada vez cobra más importancia el conseguir un mayor grado de pureza en el aire comprimido.
- **Regulador de presión:** Su principal función es la de mantener la presión de trabajo en un valor adecuado para el componente que lo requiere y además dicho valor debe ser constante, independientemente de las variaciones que sufra la presión de red y del consumo de aire. La presión de trabajo es ajustable por medio de un tornillo.
- **Lubricador de aire:** Este componente tiene la misión de lubricar los elementos neumáticos en un grado adecuado, con el objetivo de prevenir el desgaste prematuro de las piezas móviles, reducir el rozamiento y proteger los elementos contra la corrosión. Regulan y controlan la mezcla de aire-aceite en el fluido.

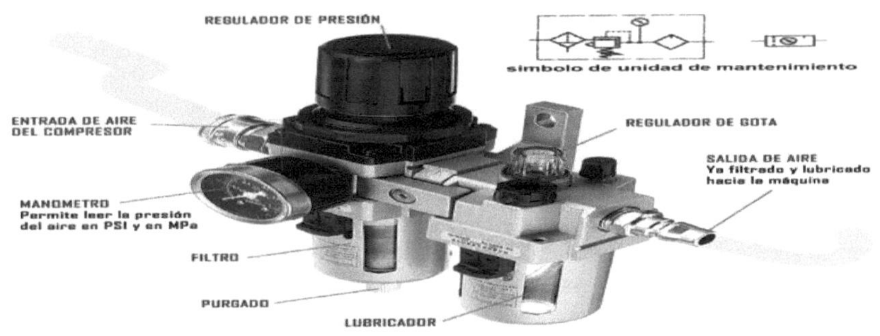

TEMA 3: Filtrado

3.1 Tipos de filtros

3.2 Filtros de partículas

Los filtros de aire de partículas comprimidas se utilizan para eliminar el polvo y las partículas del aire.

Las partículas contaminantes en el aire comprimido generalmente se miden en micrómetros (micras), o 0,000039 de pulgada. Los filtros se clasifican de acuerdo con el tamaño de partícula mínimo que sus elementos retendrán. Aunque los filtros nominales de 40 a 60 micras son adecuados para la protección de la mayoría de las aplicaciones industriales, muchos filtros de línea se han diseñado con 5 micras.
Los filtros definen la capacidad de pérdida de presión y de retención de suciedad esperada utilizando curvas relacionadas con la presión y el caudal. Por lo tanto, los filtros de partículas deben ser seleccionados sobre la base de la caída de presión aceptable y tamaño de la conexión de la tubería. Una caída de presión típica a través de tales filtros sería de entre 1 y 5 psig. Un filtro con un mayor tamaño de cuerpo producirá menor pérdida de presión inicial y proporcionará una vida útil más larga que un filtro de tamaño más pequeño con la misma capacidad de eliminación.

3.3 Filtros coalescentes

Los filtros coalescentes se utilizan para capturar el aceite y / o la humedad que está suspendida en el aire comprimido en muy pequeñas gotas.
La mayor parte del aceite arrastrado en una corriente de aire comprimido, así como una parte del agua condensada, lo hará en forma de niebla o vapor que pueden pasar a través de las aberturas en los filtros estándar de línea. El arrastre de vaporización a través de tales filtros se indica comúnmente como en partes por millón (ppm) de aceite vs. aire en peso, y estará en el intervalo de 1 hasta tan poco como 0,01 ppm. Los filtros de coalescencia, pueden eliminar estos contaminantes.
Los filtros coalescentes a menudo se utilizan para remover suspensiones que son sustancialmente más pequeñas que el tamaño nominal de la partícula sólida más pequeña que sería capturada. Algunos modelos ofrecen una filtración de doble etapa; la primera etapa elimina partículas sólidas para proteger el elemento de coalescencia en la segunda etapa. Debido a que todos los filtros coalescentes crean una mayor restricción al flujo de aire, las pérdidas de presión serán más altas que las de los filtros de partículas simples. Los filtros coalescentes tienen una caída de presión inicial (o en seco) y una caída de presión en trabajo (o saturados), ambas basadas en la presión y el caudal. La eficiencia de remoción efectiva de tales filtros depende en gran medida de la velocidad del aire que pasa a través del conjunto de filtro. Un filtro de coalescencia nominal limpio de 0,1 ppm tendrá típicamente una caída de presión de 2 a 5 psig estando húmedo, mientras que un filtro de alta eficiencia nominal a 0,01 ppm puede causar una caída de hasta 10-psig una vez que se humedece o se satura totalmente durante el servicio.

3.4 Filtros de carbón activado

Los filtros de carbón activado eliminan los olores y vapores. Se utilizan, por ejemplo, en fábricas donde se producen alimentos o para la respiración de aire

3.4.1 Los elementos del filtro

Como se puede ver en la imagen, el filtro de aire comprimido por lo general se compone de dos partes principales: la caja o carcasa del filtro y el elemento filtrante.

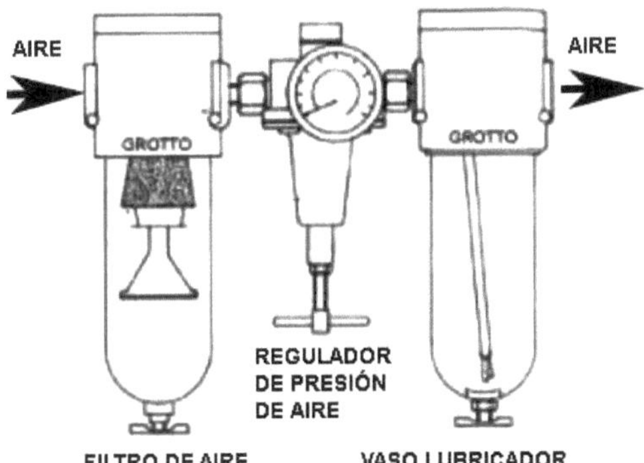

Muchas máquinas de accionamiento neumático, especialmente aquellas con motores de aire, también pueden beneficiarse del uso de aire lubricado. El aire lubricado contiene una niebla atomizada de aceite que prolonga la vida y mejora la operación de los componentes mediante el recubrimiento de las partes internas con una película de aceite, reduciendo así la fricción. Esta niebla atomizada se crea mediante un lubricante de línea situado después del filtro y el regulador.

Sin embargo, la tendencia en la mayoría de los nuevos sistemas es utilizar aire sin lubricar y componentes que están lubricados por vida útil - principalmente válvulas y cilindros.

En algunos casos, la carcasa del filtro hace un trabajo importante también: a menudo se utiliza para separar el polvo o gotas de agua / aceite por la acción de ciclón.

3.4.2 Regulador de presión

La válvula reguladora, reduce la presión de la red a nivel requerido de la instalación y lo mantienen constante, aunque haya variaciones en el consumo, en un sistema neumático se puede distinguir dos presiones diferentes:

La que entrega la fuente compresora y la que usamos para trabajar, la primera puede ser variable obedeciendo en sus cambios la posibilidades y regulación del compresor, mientras que la segunda siempre deberá ser constante, pues para un aprovechamiento racional de la energía neumática, necesitaos que esta se mantenga al mismo nivel.

Su funcionamiento se basa en el equilibrio de fuerzas en una membrana que soporta en su parte superior la tensión de un resorte, que puede variarse a voluntad del operador por la acción de un tornillo manual. Por su parte inferior, la membrana está expuesta a la presión de salida y por lo tanto a otra fuerza, que, en condición de descanso, resulta ser igual a la tensión del resorte. Cuando la membrana esta por aumento voluntario de la tensión del resorte. La membrana descendería ligeramente abriendo la entrada de aire a presión hasta que se logre el equilibrio perdido. Solo esta vez a la salida de presión será ligeramente mayor.

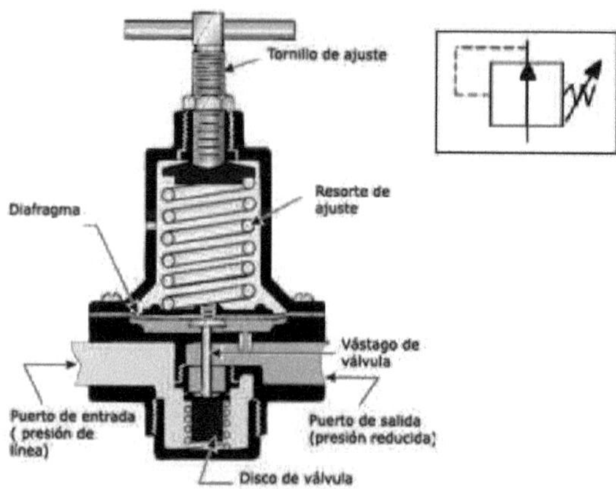

3.4.3 Lubricador de aire comprimido

El lubricador tiene la misión de lubricar los elementos neumáticos en medida suficiente. La forma práctica más lógica para lograr el correcto funcionamiento de todo aparato en el que se verifiquen movimientos es, sin duda la lubricación.
Entre los componentes neumáticos existen dos formas de llevar a cabo esta lubricación: con lubricantes sólidos y con lubricantes líquidos.
En muchos casos se prefiere el lubricante sólido (que durará lo que el componente en cuestión) pues existe menos riesgo de contaminación del producto que se estuviera elaborando.
Cuando en cambio, se trata de lubricante líquido, la solución formal es instalar lubricadores.
La función de estos aparatos es incorporar al aire ya tratado, una determinada cantidad de aceite.
Una clasificación razonable para ellos puede hacerse atendiendo a su zona de influencia, así tenemos:
- Unidades individuales de lubricación.
- Unidades centrales de lubricación.

El lubricante previene un desgaste prematuro de las piezas móviles, reduce el rozamiento y protege los elementos contra la corrosión.

Son aparatos que regulan y controlan la mezcla de aire-aceite. Los aceites que se emplean deben:
- Contener aditivos antioxidantes
- Contener aditivos antiespumantes
- No perjudicar los materiales de las juntas
- Tener una viscosidad poco variable trabajando entre 20 y 50° C
- No pueden emplearse aceites vegetales (Forman espuma)

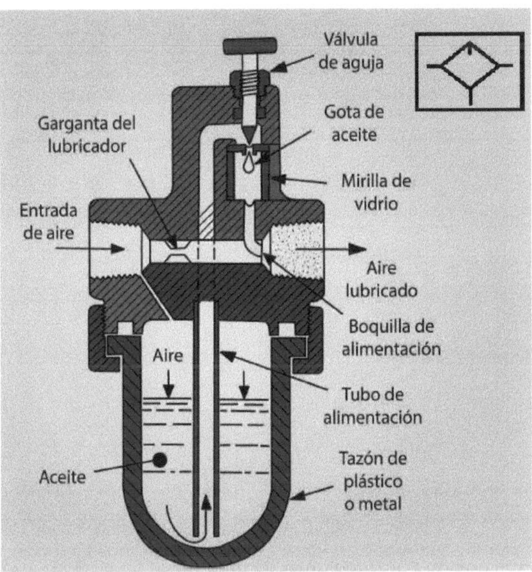

3.4.4 Distribución del aire comprimido

Las redes de distribución de aire comprimido surgen para poder abastecer de aire a todas las máquinas y equipos que lo precisen, por lo que se debe tender una red de conductos desde el compresor y después de haber pasado por el acondicionamiento de aire, es necesario un depósito acumulador, donde se almacene aire comprimido entre unos valores mínimos y máximos de presión, para garantizar el suministro uniforme incluso en los momentos de mayor demanda.

El diámetro de las tuberías se debe elegir para que, si aumenta el consumo, la pérdida de presión entre el depósito y el punto de consumo no exceda de 0,1 bar. Cuando se planifica una red de distribución de aire comprimido hay que pensar en posibles ampliaciones de las instalaciones con un incremento en la demanda de aire, por lo que las tuberías deben dimensionarse holgadamente.

Las conducciones requieren un mantenimiento periódico, por lo que no deben instalarse empotradas; para favorecer la condensación deben tenderse con una pendiente de entre el 1 y el 2% en el sentido de circulación del aire, y estar dotadas a intervalos regulares de tomas por su parte inferior, con las purgas correspondientes para facilitar la evacuación del condensado.

Las tomas para enlazar con los puntos de consumo siempre deben producirse por la parte superior de las tuberías, para evitar el arrastre de agua condensada en las tomas de aire, que lógicamente, debido a su mayor densidad, circulará por la generatriz inferior de la conducción. En general las redes de distribución suelen montarse en anillo, con conexiones transversales que permitan trabajar en cualquier punto de la red, instalándose válvulas de paso estratégicamente, para poder aislar una zona de la red de distribución en caso de producirse alguna avería, y que puede continuar trabajándose en el resto de la instalación.

3.4.5 Normas internacionales para tuberías de aire comprimido

COLOR BASE AZUL	AIRE
• + Franja amarilla	Aire < 7 bar, servicios generales
• + 2 Franjas amarillas	Aire < 7 bar, instrumentación
• + Franja roja	Aire > 7 bar y < 10 bar
• +2 Franjas rojas	Aire > 10 bar
• + Franja marrón	Aire con aceite lubricante

3.5 Configuración red abierta

3.5.1 Red abierta

Se constituye por una sola línea principal de la cual se desprenden las secundarias y las de servicio. La poca inversión inicial necesaria de esta configuración constituye su principal ventaja. Además, en la red pueden implementarse inclinaciones para la evacuación de condensados. La principal desventaja de este tipo de redes es su mantenimiento. Ante una reparación es posible que se detenga el suministro de aire "aguas abajo" del punto de corte lo que implica una detención de la producción.

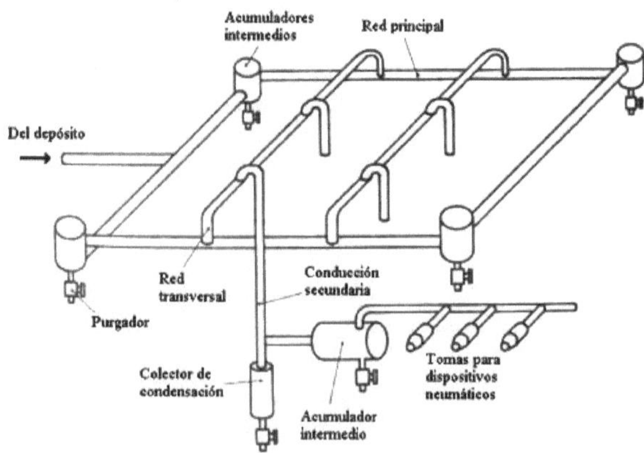

3.5.2 Red Cerrada

En esta configuración la línea principal constituye un anillo. La inversión inicial de este tipo de red es mayor que si fuera abierta. Sin embargo, con ella se facilitan las labores de mantenimiento de manera importante puesto que ciertas partes de ella pueden ser aisladas sin afectar la producción. Una desventaja importante de este sistema es la falta de dirección constante del flujo. La dirección del flujo en algún punto de la red dependerá de las demandas puntuales y por tanto el flujo de aire cambiará de dirección dependiendo del consumo. El problema de estos cambios radica en que la mayoría de accesorios de una red, son diseñados con una entrada y una salida. Por tanto, un cambio en el sentido de flujo los inutilizaría.

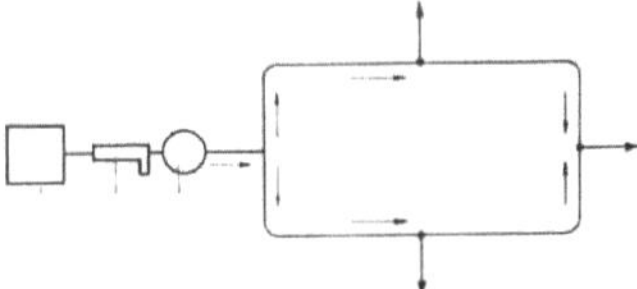

3.5.3 DISEÑO DE LA RED

La primera labor de diseño de una red de aire comprimido es levanta u obtener un plano de la planta donde claramente se ubiquen los puntos de demanda de aire anotando su consumo y presión requeridas. También identificar el lugar de emplazamiento de la batería de compresores. Es importante realizar una buena labor puesto que una vez establecida la distribución esta influirá en las futuras ampliaciones y mantenimiento de la red.
Para el diseño de la red se recomiendan las siguientes observaciones:
1. Diseñar la red con base en la arquitectura del edificio y de los requerimientos de aire.
2. Procurar que la tubería sea lo más recta posible con el fin de disminuir la longitud de tubería, número uniones y cambios de sección que aumentan la pérdida de presión en el sistema.
3. La tubería siempre deber ir instalada aéreamente. Puede sostenerse de techos y paredes. Esto con el fin de facilitar la instalación de accesorios, puntos de drenaje, futuras ampliaciones, fácil inspección y accesibilidad para el mantenimiento. Una tubería enterrada no es práctica, dificulta el mantenimiento e impide la evacuación de condensados.
4. La tubería no debe entrar en contacto con los cables eléctricos y así evitar accidentes.
5. En la instalación de la red deberá tenerse en cuenta cierta libertad para que la tubería se expanda o contraiga ante variaciones de la temperatura. Si esto no se garantiza es posible que se presentes "combas" con su respectiva acumulación de agua.
6. Antes de implementar extensiones o nuevas demandas de aire en la red debe verificarse que los diámetros de la tubería si soportan el nuevo caudal.
7. Para el mantenimiento es esencial que se ubiquen llaves de paso frecuentemente en la red. Con esto se evita detener el suministro de aire en la red cuando se hagan reparaciones de fugas o nuevas instalaciones.
8. Todo cambio brusco de dirección o inclinación es un sitio de acumulación de condensados. Allí se deben ubicar válvulas de evacuación.

TEMA 4: Actuadores

4.1 Actuadores lineales

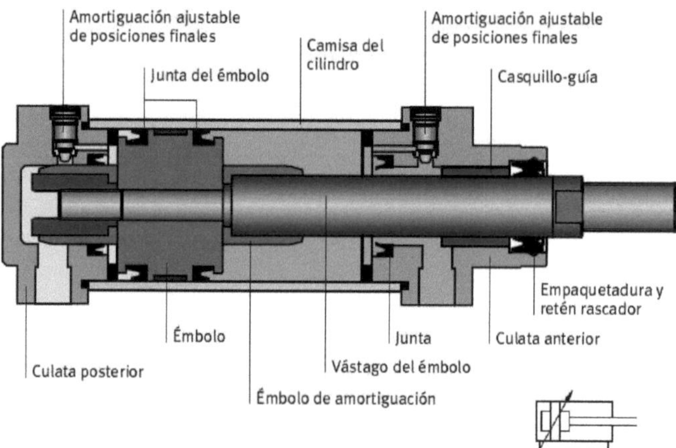

En los Actuadores lineales encontramos dos tipos fundamentales:
- **Cilindro de simple efecto:** sólo pueden efectuar trabajo en una dirección
- **Cilindro de doble efecto:** efectúan trabajo en ambas direcciones

Constructivamente hay diferentes formas de realizar cilindros de simple efecto, buscando la mejor para la función que van a realizar.

Los cilindros neumáticos pueden adquirir elevadas velocidades de funcionamiento y desarrollar elevadas fuerzas de choque al final de la carrera. para impedir que el cilindro o los elementos móviles se dañen se emplea amortiguación, que puede ser de tres tipos diferentes:

- **Amortiguación elástica:** se emplea en los cilindros más pequeños que mueven elementos relativamente ligeros. Un anillo elástico de goma colocado en el embolo es el encargado de absorber el choque e impedir que el cilindro se dañe

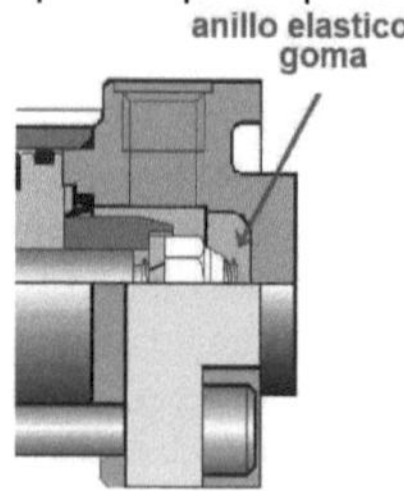

- **Amortiguación neumática regulable:** se emplea en cilindros más grandes. Consiste en decelerar el embolo en la parte final de la carrera, para ello parte del aire de escape se evacua más lentamente a través de una restricción regulable gracias a que la salida normal de aire se cierra cuando un casquillo de amortiguación entre en la junta de amortiguación. La entrada de aire en la dirección contraria se realiza normalmente ya que la junta de amortiguación por su forma actúa como una válvula anti-retorno.

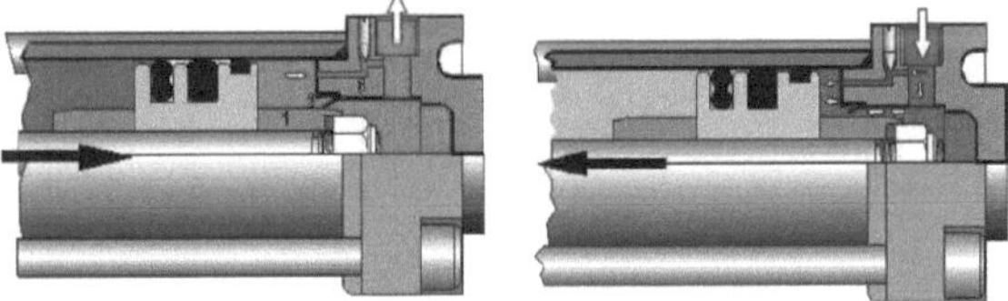

- **Amortiguación hidráulica:** Se emplea en las aplicaciones donde exista problemas de frenado de masas en sus puntos finales de carrera. La instalación de amortiguadores hidráulicos se realiza exterior al cilindro neumático. Generalmente actuando directamente sobre la más móvil.

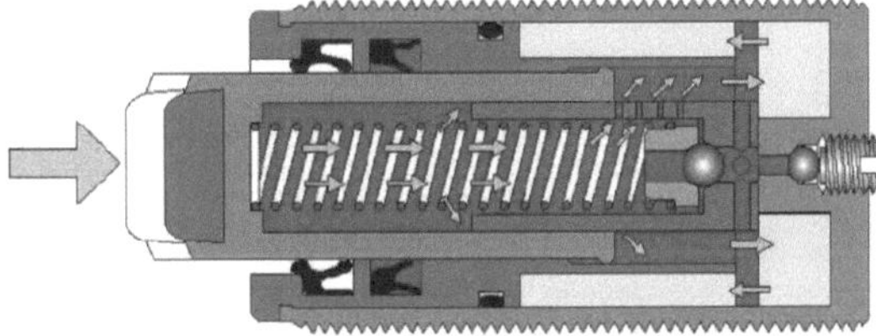

4.2 Cilindro de simple efecto

El vástago puede estar replegado o extendido inicialmente, tienen un resorte de recuperación de posición, al suministrarle aire comprimido el émbolo modifica su posición y cuando se purga el aire, el muelle recupera la posición inicial del émbolo. Debido a la longitud del muelle se utilizan cilindros de simple efecto con carreras de hasta 100 mm.

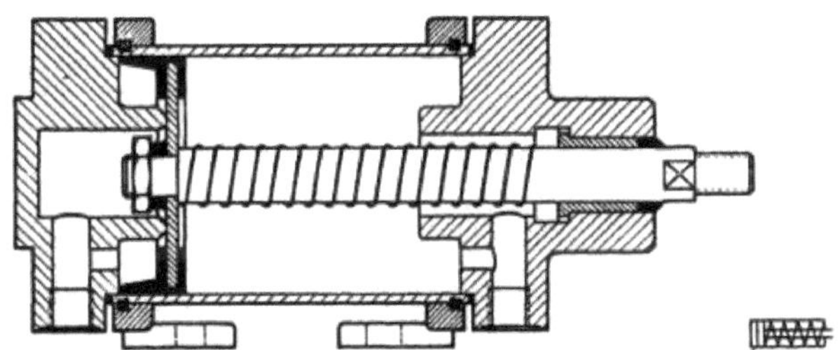

4.3 Cilindro de doble efecto

Recibe aire comprimido por una cámara, purgándose el lado contrario, con lo que el vástago cambia de posición. Cuando el aire cambia de dirección y se intercambian las cámaras de llenado y de evacuación el vástago recupera la posición primitiva.

La fuerza del émbolo es mayor en el avance que en el retroceso debido a la mayor sección sobre la que presiona el aire, ya que en la otra cámara se tiene que descontar la superficie del vástago.

Estos cilindros pueden desarrollar trabajo en las dos direcciones y además pueden presentar carreras significativamente mayores a las de los cilindros de simple efecto.

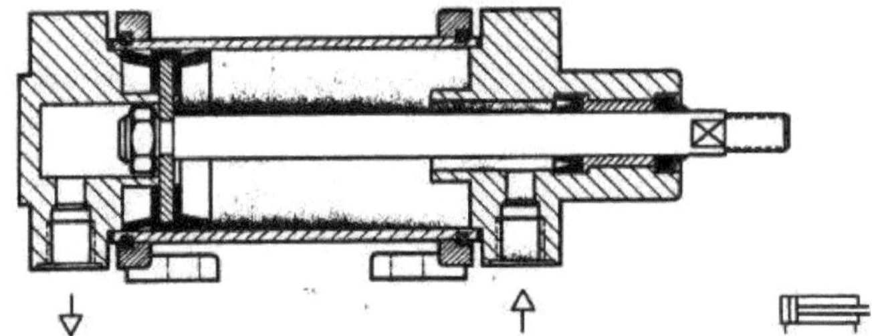

4.4 Cilindros sin vástago

En ciertas aplicaciones representan un inconveniente el hecho de que un cilindro casi duplique su longitud durante la carrera (debido a la longitud del cuerpo del cilindro y del vástago cuando este se encuentra extendido), sobre todo en grandes carreras, es entonces cuando se aconseja el uso de cilindros sin vástagos.

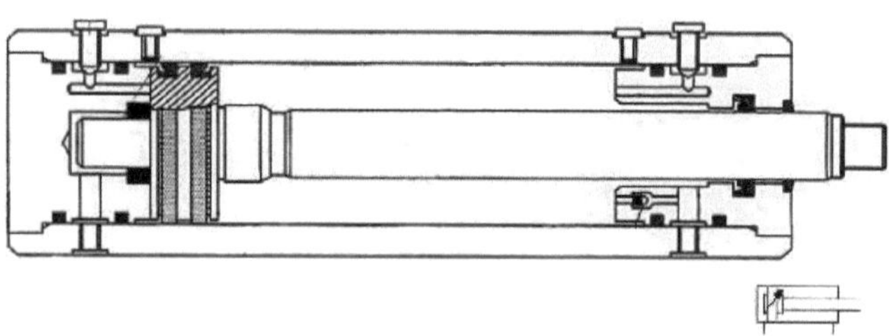

4.5 Cilindros sin vástago de transmisión magnética

En los cilindros sin vástago magnéticos, el embolo va dotado de un imán que arrastra, su desplazamiento, al cursor exterior, el cual se desplaza a lo largo de la camisa

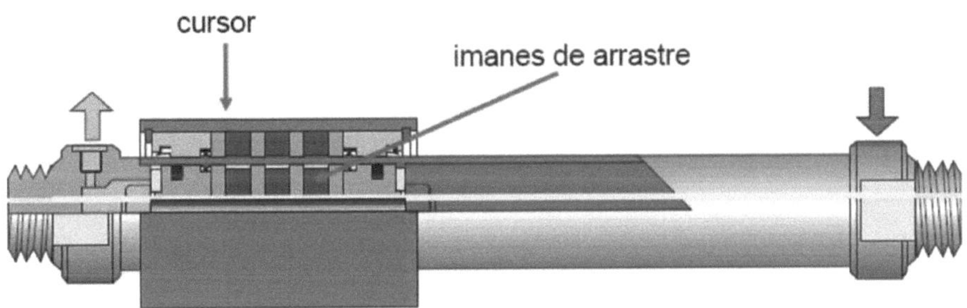

4.6 Cilindros sin vástago de transmisión mecánica

Los cilindros sin vástago mecánicos presentan una ranura a lo largo de la camisa para permitir el desplazamiento del embolo solidario al cursor exterior. Dos juntas de acero procuran la estanqueidad de estas ranuras, además de la reducción de espacios, estos cilindros no presentan problemas de pandeo. Es posible encontrar cilindros de longitudes superiores a los 5 m de carrera.

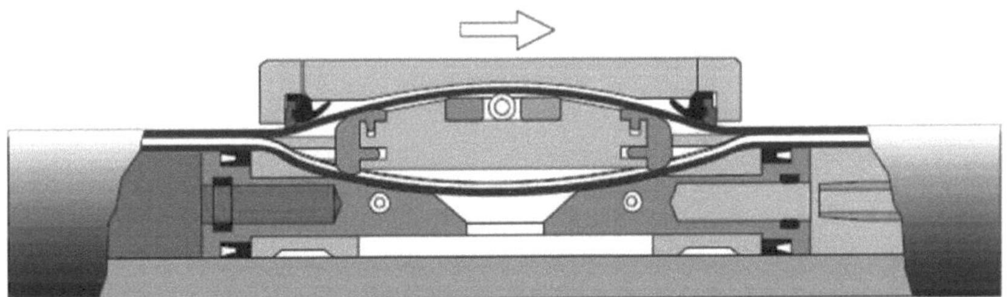

4.7 Cilindro con unidad de bloqueo

Cilindro provisto con una cabeza de bloqueo preciso al final de la culata delantera estándar, con la cual se podrá sujetar el vástago del cilindro en cualquier posición. Se emplea en aplicaciones en las que existen problemas con las paradas intermedias. La acción del bloqueo es mecánica y existen dos variantes:
- Bloqueo y desbloqueo accionado de aire comprimido
- Bloqueo por la acción de muelles adicionales. El desbloqueo accionado por aire comprimido.

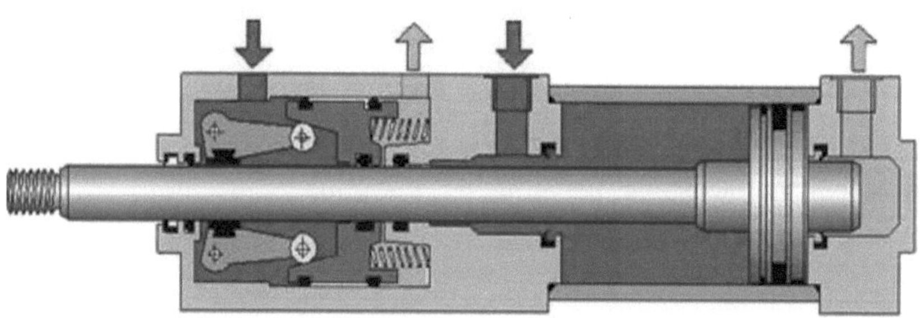

4.8 Cilindro de vástagos paralelos

Cilindro por dos cilindros de iguales dimensiones actuando simultáneamente (por ello, las dos cámaras delanteras y las dos traseras están conectadas entre sí). Con ellos conseguimos un cilindro anti-giro con doble fuerzas

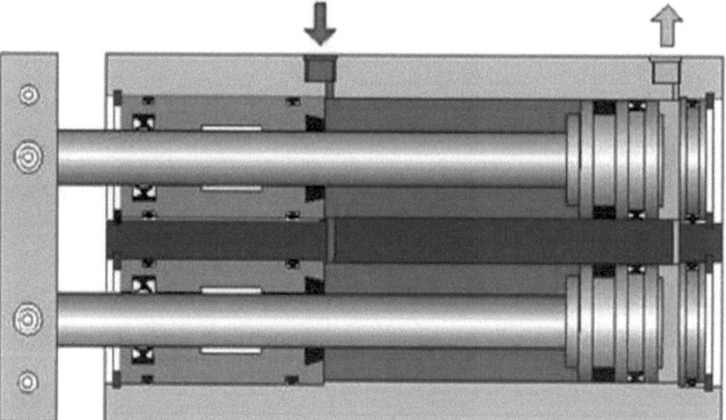

4.9 Cilindro con vástago anti giro

El vástago de un cilindro estándar puede girar fácilmente debido a su forma cilíndrica, si no existen guías que lo eviten. En algunas aplicaciones, se requiere cilindros en los que no pueda girar el vástago y no se ejerce un par de giro elevado. Para evitar la rotación se emplean vástagos y casquillos guías con dos caras planas, o bien vástagos de sección rectangular o hexagonal.

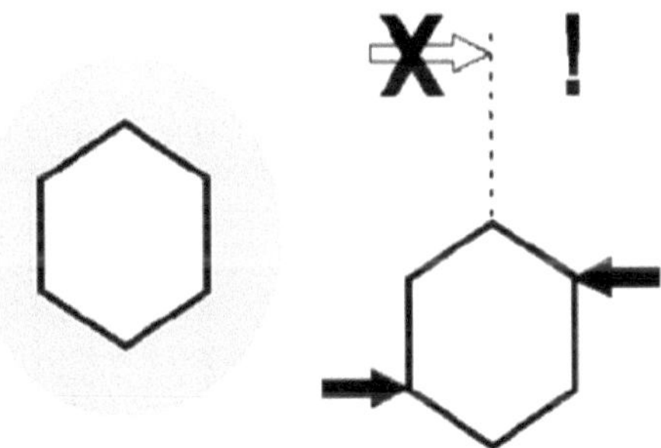

4.10 Cilindro plano

Un cilindro estándar tiene un perfil exterior más o menos cuadrado. En algunas aplicaciones, se requiere cilindros planos por cuestión de espacio. Para este tipo de aplicaciones se utiliza cilindros con embolo de forma ovalada, incorporando además la condición anti giro.

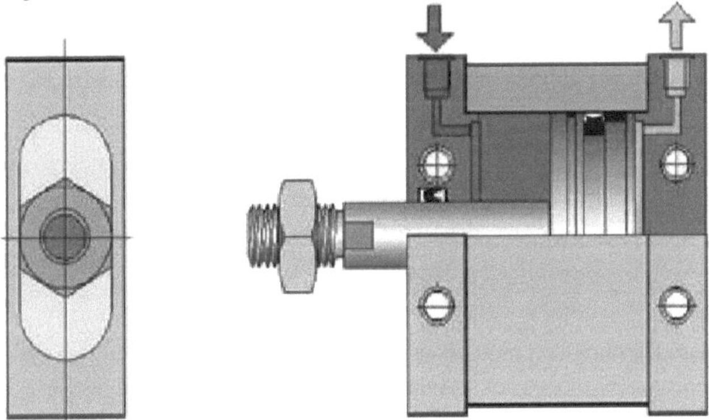

4.11 Cilindro doble vástago

Un cilindro estándar tiene un embolo y un único vástago unido a dicho embolo. En algunas aplicaciones.
Una aplicación típica para esta clase de cilindros es accionar o empujar mesas o carros, donde el cilindro está fijado por los 2 vástagos y es el cuerpo del cilindro el que realmente se mueve.

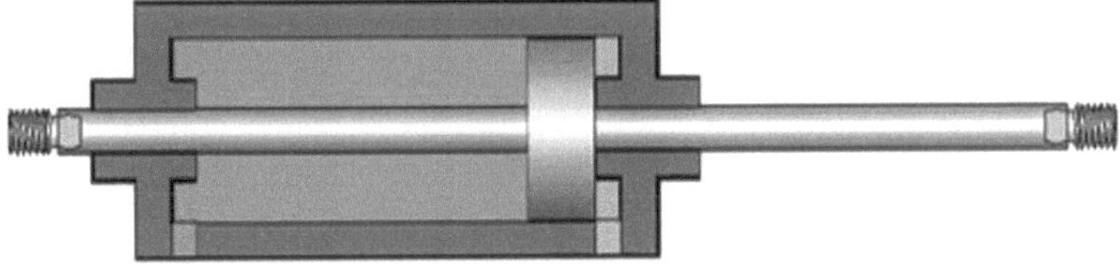

4.12 Cilindro tándem

Cilindro por dos cilindros de doble efecto unidos por un vástago común, para formar una sola unidad. Actuando simultáneamente el cilindro realiza una fuerza casi doble fuerza sin doblar el diámetro, pero si aumentando la longitud del cilindro.

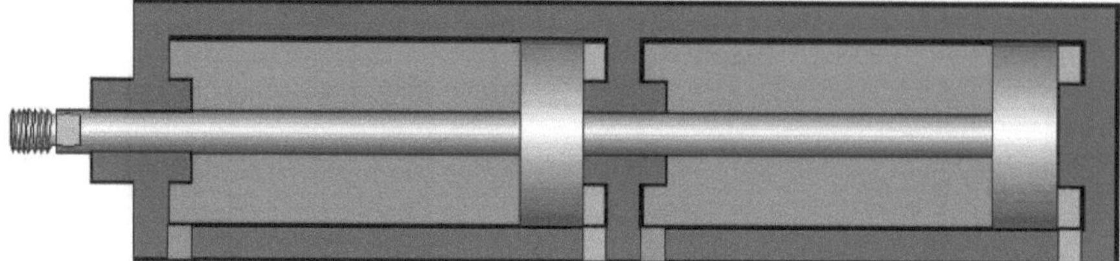

4.13 Cilindro multiposicional

Un cilindro estándar proporciona dos posiciones fijas al final de su carrera en ambas direcciones. En algunas aplicaciones se requiere obtener más de dos posiciones, pudiéndose utilizar combinaciones de cilindros de doble efecto.

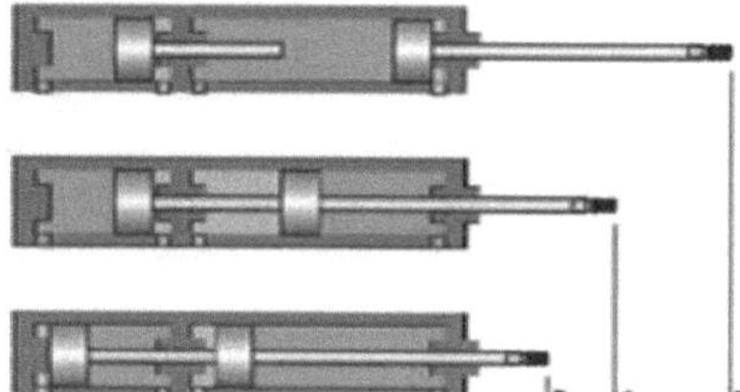

Posición 0: Ambos cilindros con presión en la cámara delantera.
Posición 1: Cilindros posteriores con presión en la cámara trasera.
Posición 2: Ambos cilindros con presión en la cámara trasera.

4.14 Cilindro multiposicional de cuatro posiciones

Cilindro formado por dos cilindros independientes unidos por sus culatas traseras, lo que permite obtener cuatro posiciones distintas, siempre que el cuerpo del cilindro no se fije.

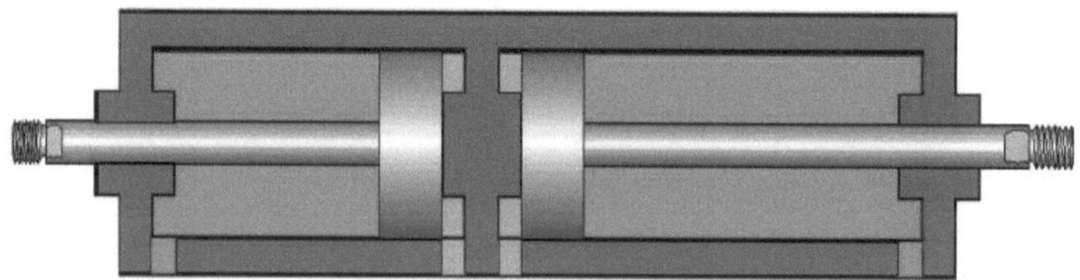

4.14.1 Unidad antideslizante

Actuador lineal de precisión, de dimensiones compactas. La alta precisión de su mecanizado como el uso de los vástagos paralelos a modo de guía permiten realizar movimiento lineal perfectamente recto. Se puede fijar el cuerpo y que sean los vástagos los que se muevan o fijar los extremos de los vástagos y que sea el cuerpo el que se mueva.

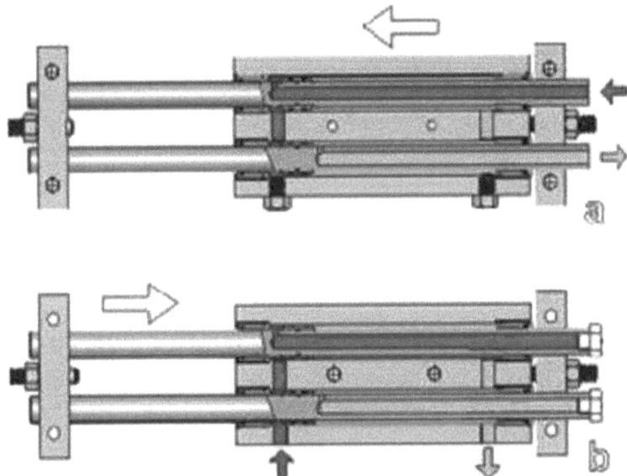

4.14.2 Mesa lineal de traslación

Compacto, de gran presión, suaves, uniformes, peso y tamaño reducido. Presenta una construcción de doble cilindro y carro guiado, con detección magnética y regulación mecánica con tope elástico.

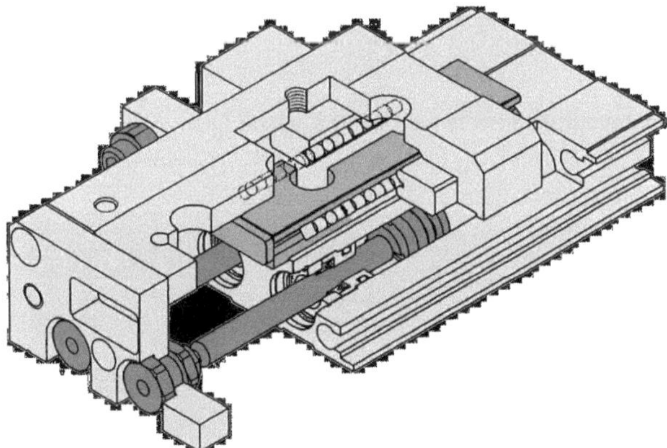

4.15 Cilindro de tope

En líneas de producción continua, es necesario en un elevado número de aplicaciones, detener la marcha de productos para poder realizar determinadas operaciones. Muy a menudo se recurre al cilindro de tope. Se trata de un actuador con vástago y sistemas de guiado muy reforzado capaz de resistir severas cargas flectoras.

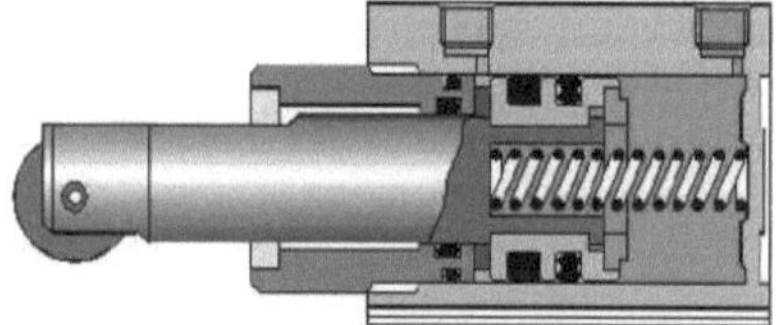

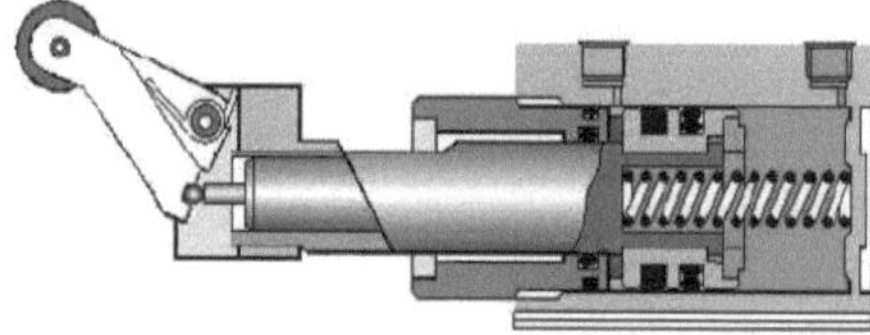

4.15.1 Cilindro compacto

Actuador con dimensiones externas en longitud inferiores a una ejecución estándar, reducido sobre todo en las culatas del actuador.

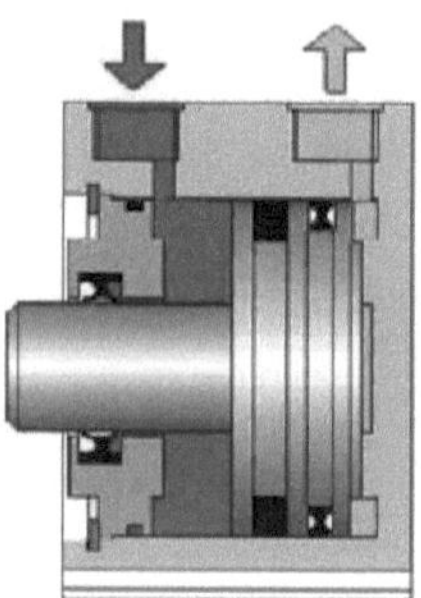

4.15.2 Modos de fijación de cilindros

Para montar correctamente los cilindros, existe una amplia gama de fijaciones, que satisfacen todos los requisitos, incluido el movimiento oscilante.

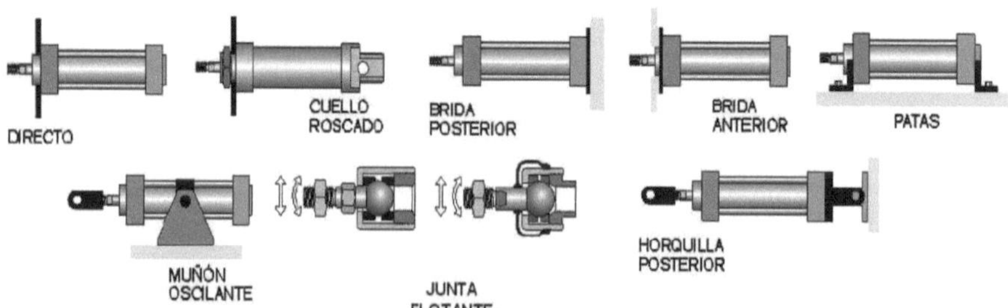

4.16 Actuadores de giro

Los actuadores de giro neumáticos son los elementos neumáticos que transforman la energía, potencial del aire comprimido en desplazamiento circular. Para regular el par (fuerza de giro) que ejerce un actuador basta regular la presión del aire comprimido con que se alimenta.

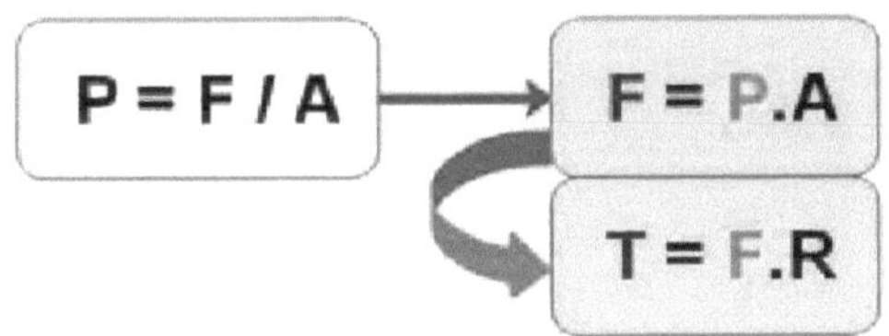

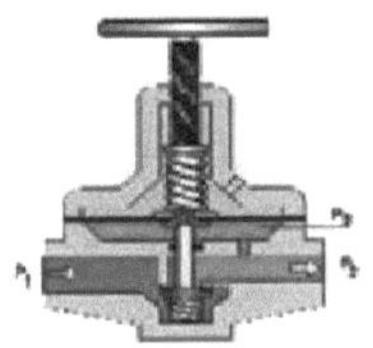

4.16.1 Unidad de giro piñón-cremallera

Dispone de dos entradas de aire para producir carrera de trabajo en los dos sentidos. El aire comprimido actúa sobre la cremallera, la cual transforma el desplazamiento lineal en circular mediante su unión a un piñón por uno de sus laterales dentados. Los ángulos de rotación varían entre 90° y 180°.

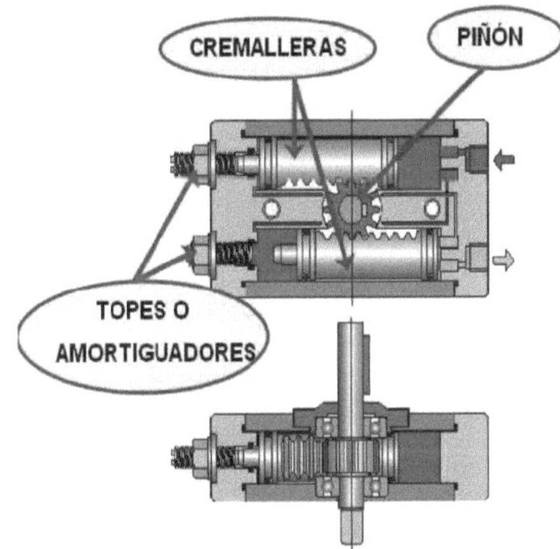

4.16.2 Unidad de giro piñón - doble cremallera

Dispone de dos entradas de aire para producción carrera de trabajo en los dos sentidos, el aire comprimido actúa sobre las dos cremalleras, las cuales transforman el desplazamiento lineal en circular mediante su unión a un piñón por uno de sus laterales dentados. Son capaces de sustentar cargas elevadas con relación a du tamaño y girarlas con suavidad y precisión. También disponen de la posibilidad de regulación del Angulo de giro y la colocación de amortiguadores.

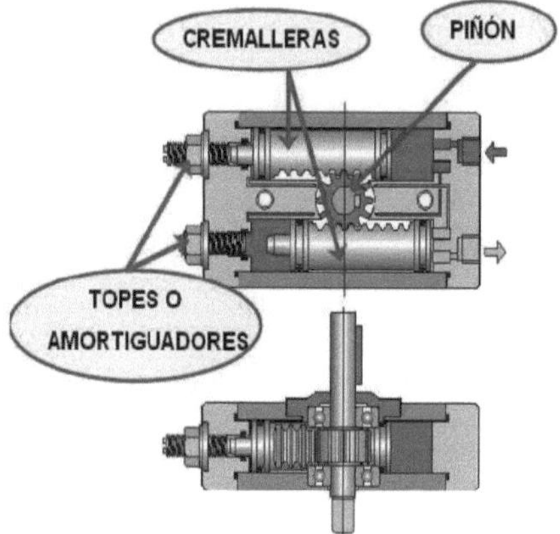

4.16.3 Unidad de giro (basculante) por paleta

Genera movimiento alternativo en una dirección u otra. Se trata de un cilindro con dos entradas de aire que hacen mover una paleta que contiene un eje de giro al cual esta sujeto el objeto que queremos mover, por ejemplo, en limpia parabrisas. También se utilizan para producir movimientos circulares alternativos.

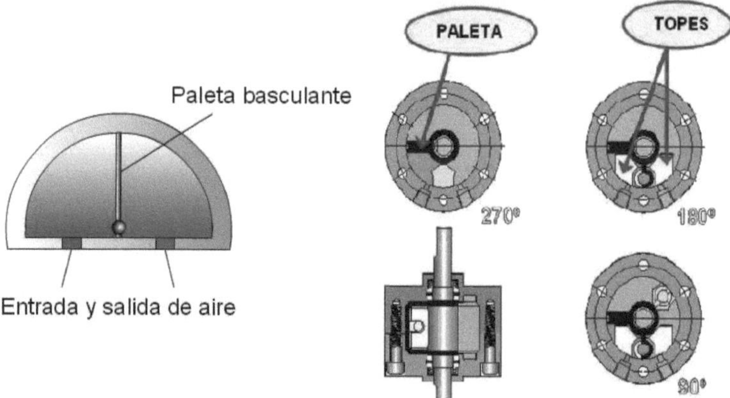

El aire comprimido actúa sobre la paleta, la cual transforma la energía potencial del aire comprimido en desplazamiento circular sobre el eje. La paleta hace un cierre hermético mediante una junta de goma o por un revestimiento elastometrico. Los ángulos de rotación varían entre 90° y 270°, disponiendo de topes regulables para ajustar cualquier Angulo de giro.

4.17 ACTUADORES ROTATIVOS

4.17.1 Motor de pistones

Se obtiene movimiento giratorio continuo. Los actuadores rotativos se utilizan para hacer girar objetos o maquinas herramientas (motor de una taladradora, atornillar y desatornillar, etc.)

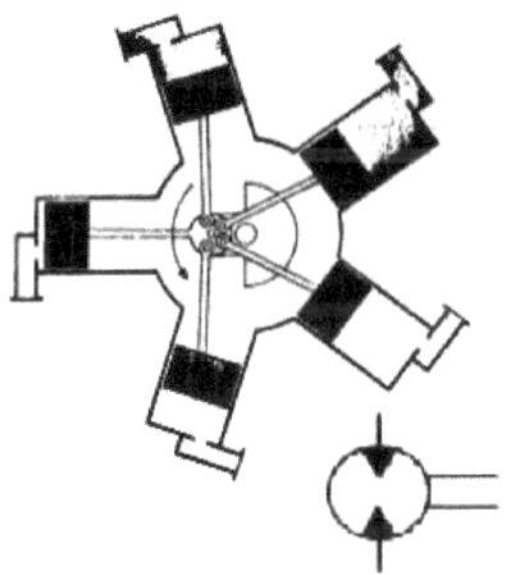

4.17.2 Motor de paletas

Genera movimiento rotativo continuo. El aire entra por una parte y hace que giren las paletas, la herramienta se encuentra sujeta sobre el eje de giro. Se trata del motor neumático más utilizado, puede dar una potencia de hasta 20 CV y velocidades desde 3000 a 2500 rpm.

TEMA 5: Válvulas

5.1 válvulas distribuidoras

Estas válvulas son los componentes que determinan el camino que seguirá el aire en cada momento, controlando el sentido de desplazamiento de los actuadores. Trabajan en dos o más posiciones fijas determinadas. La representación que se utiliza corresponde a la norma ISO 1219, que es idéntica a la norma de la comisión Europea de la Transmisiones Neumáticas y Olehidraulicas (CETOP).

Para entender el símbolo de una válvula, hay que seguir estas indicaciones:

- Cada posición de la válvula se representa con un cuadro.
- Las vías de la válvula se representan por pequeñas líneas en la parte exterior de un de los cuadros.

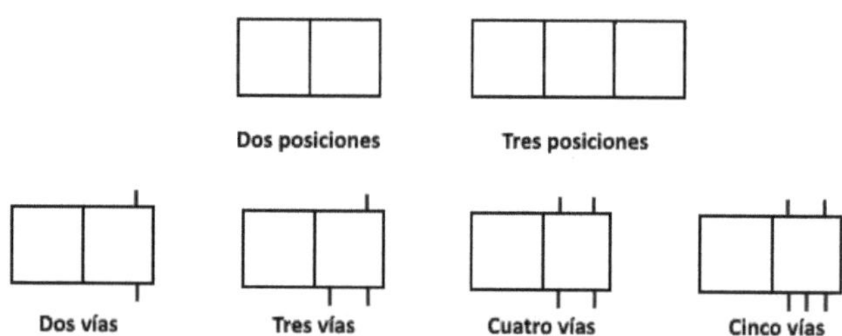

- Dentro de cada cuadrado se representan las conexiones internas entre las distintas vías o tuberías de la válvula, y el sentido de circulación del fluido se representa por flechas.

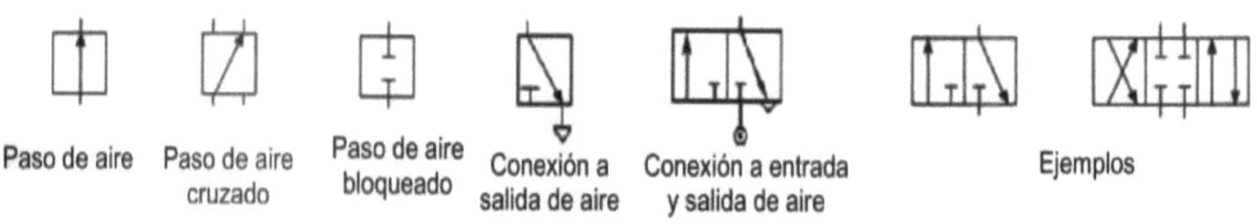

- Los conductos de escape a través de un conducto se representan con un triángulo ligeramente separado del símbolo de la válvula.

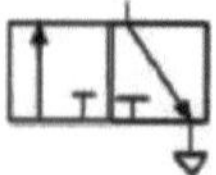

En los extremos de los rectángulos se representa el accionamiento y el retorno de la válvula.

- El accionamiento permite pasar de la posición de reposo a la posición de trabajo
- El retorno permite pasar de la posición de trabajo a la posición de reposo

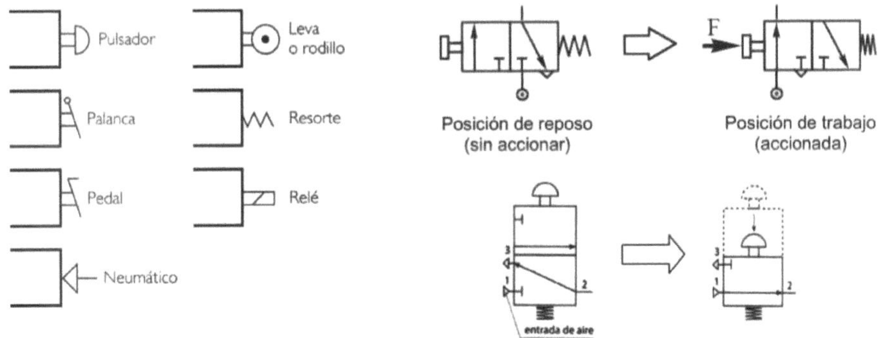

Para evitar errores en el montaje las vías o puntos de conexión de las válvulas se identifican por medio de letras mayúsculas o números.

- Tuberías o conductos de trabajo: A, B, C, ... o 2, 4, 6, ...
- Toma de presión: P o 1.
- Salida de escape: R, S, T, ... o 3, 5, 7, ...
- Tuberías o conductos de pilotaje: Z, Y, X, ... o 10, 12, 14, ...

5.2 Accionamiento de válvulas

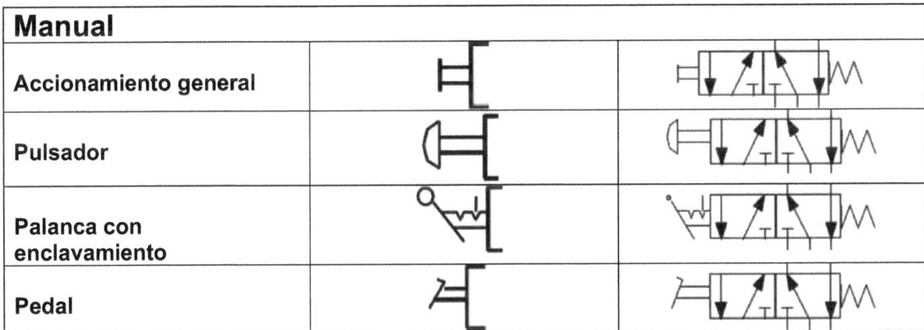

Manual		
Accionamiento general		
Pulsador		
Palanca con enclavamiento		
Pedal		

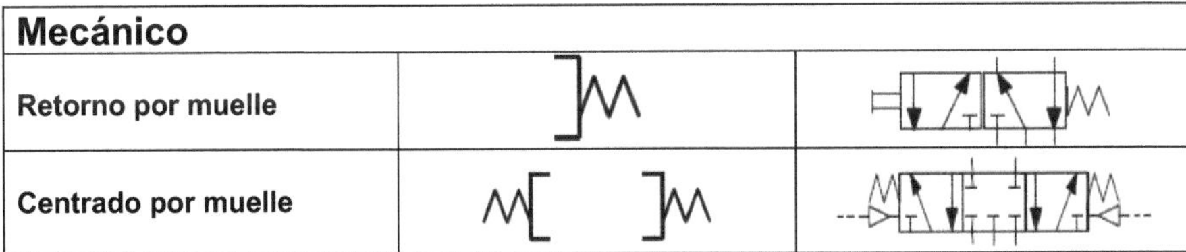

Mecánico		
Retorno por muelle		
Centrado por muelle		

Accionamiento por rodillo		
Rodillo escamotable		

Neumático		
Accionamiento neumático directo		
Accionamiento neumático indirecto - pilotado		

Eléctrico		
Accionamiento con simple bobina		
Accionamiento con doble bobina		

Combinado		
Funcionamiento con doble bobina, sensor de pilotaje y pilotaje manual auxiliar		

5.3 Válvulas 2/2

Las válvulas de 2 vías y 2 posiciones, suelen utilizarse como llaves de paso. Cuando están en la posición abierta, los orificios de entrada y de salida se comunican, de modo que el aire comprimido circula libremente en los dos sentidos.

Las aplicaciones en circuitos neumáticos, dado su funcionamiento, se limitan al control de motores y sopladores neumáticos. También pueden utilizarse como válvulas de paro, acopladas en las proximidades de las tomas de aire comprimido de cilindros neumáticos. Pero debido a la inercia del flujo de aire y a la compresibilidad del mismo, es muy complicado realizar el paro instantáneo de un cilindro en una posición intermedia de su carrera, con precisión.

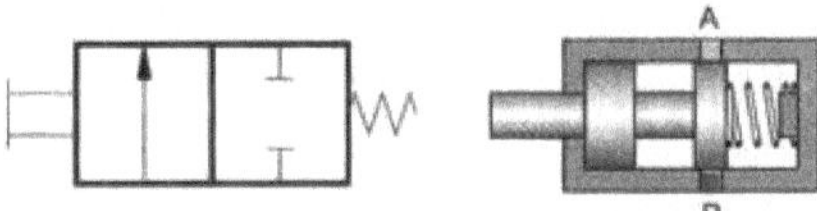

Ejemplo de aplicación:

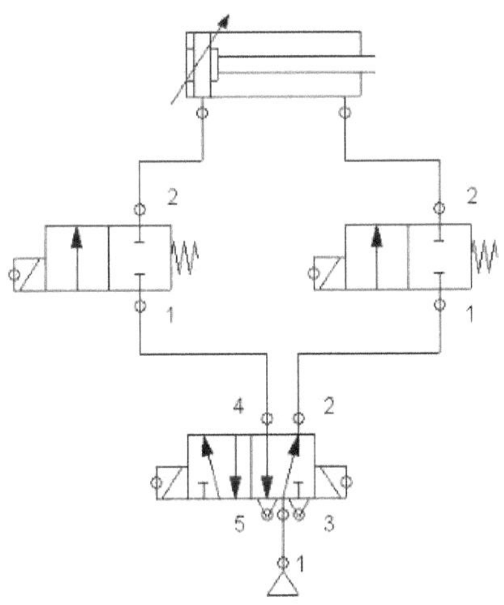

5.3.1 Válvulas 3/2

Son válvulas utilizadas para el control del funcionamiento de cilindros de simple efecto y para realizar señales (pilotajes) neumáticos. Al tener tres vías, permiten dos direcciones del fuljo de aire, lo que les ayuda a realizar la alimentación (posición abierta) y el escape (posición cerrada) de la cámara del émbolo en un cilindro de simple efecto.

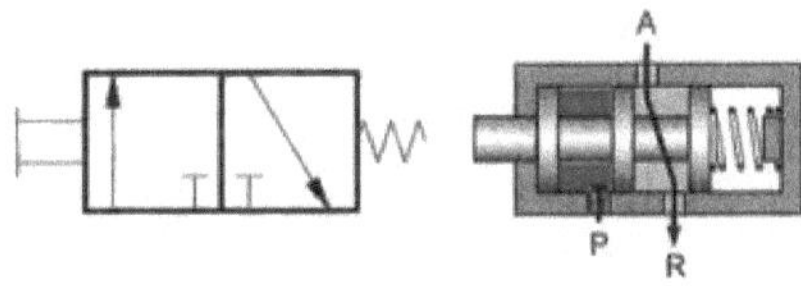

Ejemplo de aplicación:

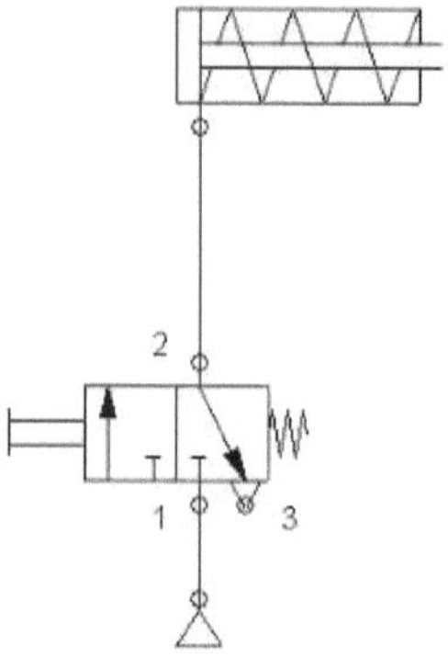

5.3.2 Válvulas 4/2

Las válvulas de 4 vías y 2 posiciones son utilizadas habitualmente para el control del funcionamiento de cilindros de doble efecto. Pues su construcción, permiten que el flujo de aire circule en dos direcciones por posición, lo que implica poder controlar dos cámaras (émbolo y vástago) de un cilindro de doble efecto.

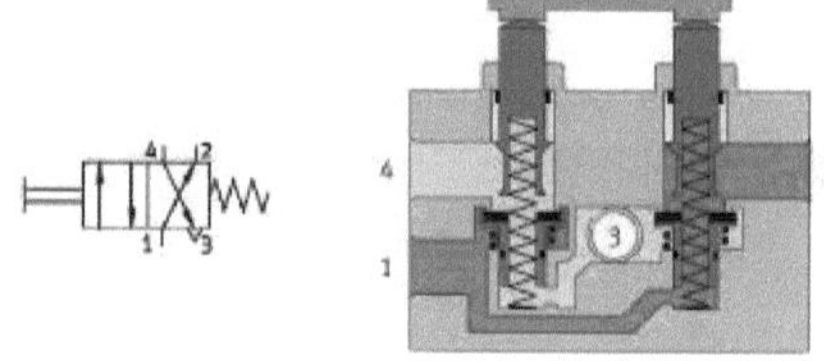

Ejemplo de aplicación:

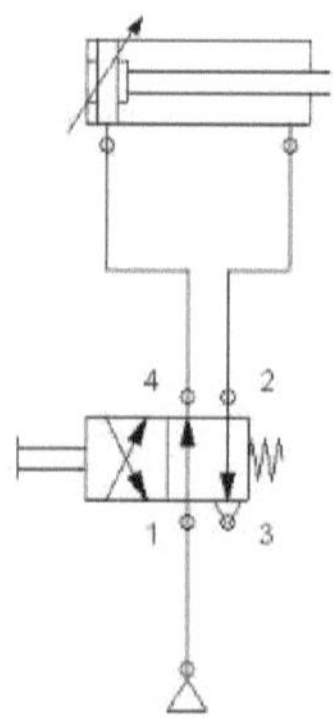

5.3.3 Válvulas 4/3

Además de las funciones de la Válvula 4/2, tiene las funciones añadidas de la tercera posición. Habitualmente la forma constructiva de la tercera posición, se elige para implementar la función de bloqueo del cilindro que está controlando, impidiendo tanto la alimentación como el escape de cualquiera de las cámaras de un cilindro de doble efecto, lo que supone dejarlo parado.

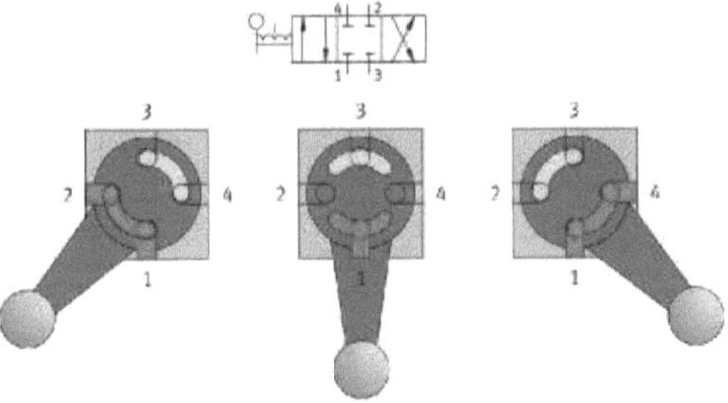

Ejemplo de aplicación:

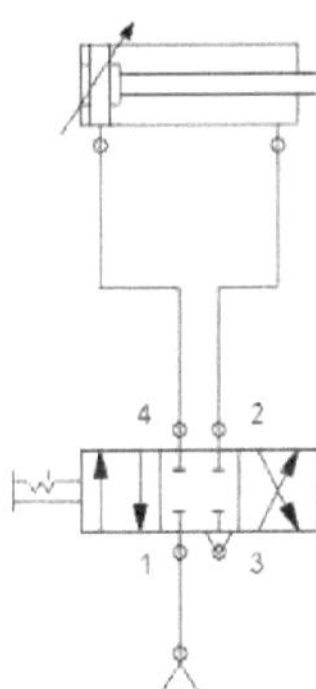

5.3.4 Válvulas 5/2

Tiene las mismas funciones que la válvula 4 vías 2 posiciones. Tan sólo se diferencia en la utilización de la quinta vía para realizar los escapes de las cámaras de forma independiente. Cada cámara del cilindro tiene su escape.

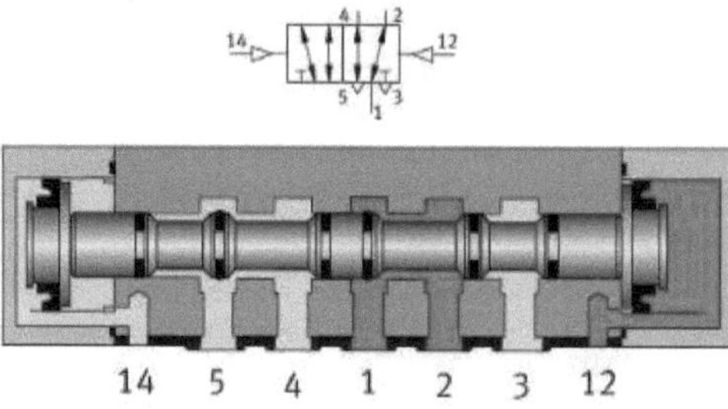

Ejemplo de aplicación:

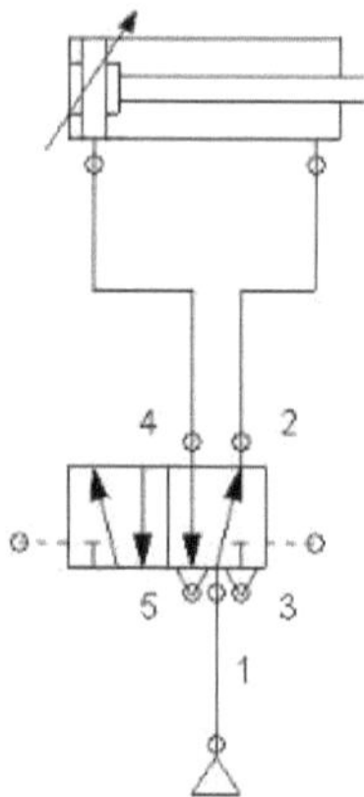

5.3.5 Válvulas 5/3

Además de las funciones de la Válvula 5/2, tiene las funciones añadidas de la tercera posición. Habitualmente las formas constructivas de la tercera posición, implican el bloqueo del cilindro por bloqueo de sus cámaras, o la puesta escape de las dos cámaras del cilindro, para permitir moverlo libremente sin presión.

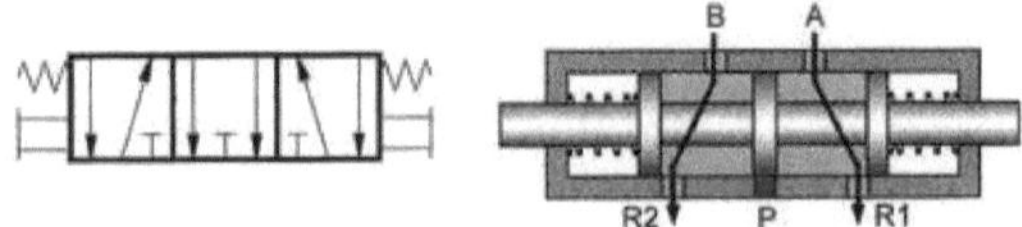

Ejemplo de aplicación:

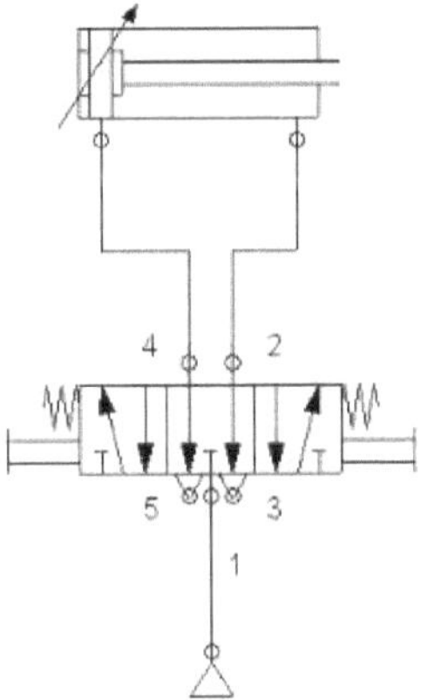

5.4 Válvula anti retorno

Se encarga de permitir el paso del aire libremente cuando el aire circula desde el terminal 2 al 1. Mientras que no permite circular el aire desde el terminal 1 al 2.

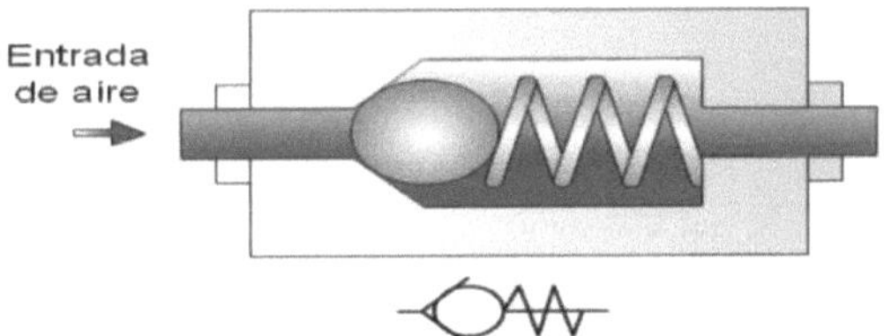

5.5 Válvula de estrangulación bidireccional

Modifica el caudal del aire a presión en los dos sentidos. Normalmente, las válvulas de estrangulación son regulables. Un ajuste mediante tornillo, realiza la estrangulación de paso.

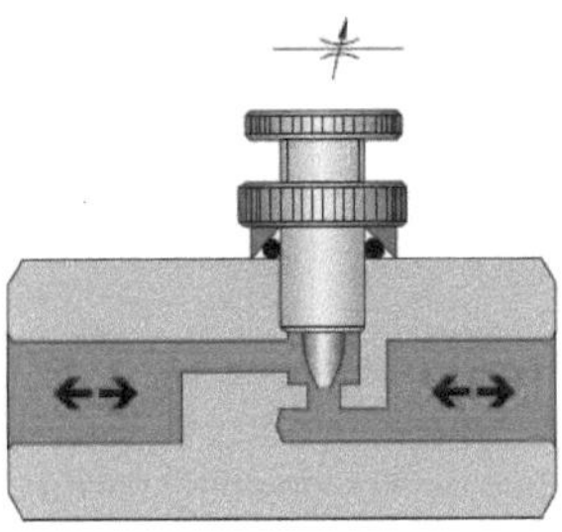

43

5.5.1 Válvula de estrangulación unidireccional

solamente regulan en un sentido, con lo que en el sentido contrario circularía sin regulación alguna. Si el aire entra por la entrada de la izquierda la válvula anti retorno le impedirá la salida por el orificio de la derecha. El aire tendrá que pasar por el estrechamiento que le deje el tornillo regulador. Cuando entre por la derecha empujará la bola de la válvula anti retorno y saldrá libremente por la salida de la izquierda.

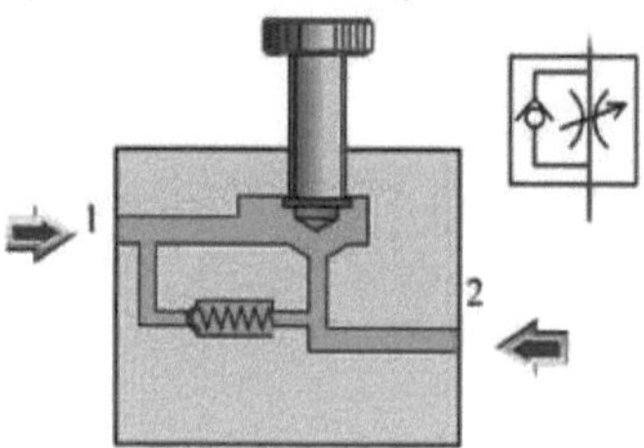

5.6 válvula de secuencia

La válvula de secuencia es utilizada principalmente para hacer funcionar dos cilindros en secuencia: cuando se alcanza un determinado valor de calibración, la válvula se abre y alimenta un segundo actuador. La válvula de retención permite que el caudal pase libremente en la dirección opuesta.

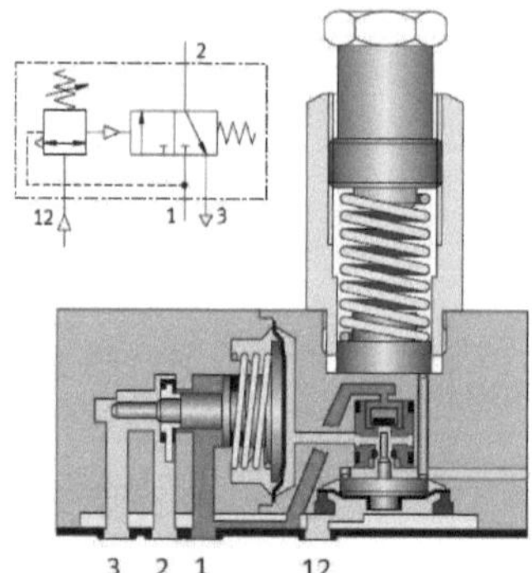

5.7 válvula lógicas

5.7.1 válvula "O" selectora de circuito

Da señal de aire de salida cuando al menos hay señal en una de las entradas.
Se trata de una válvula que implementa la función OR, esto, es cuando penetra el aire por cualquiera de sus entradas hace que este salga por la salida. Se utiliza para activar cilindros desde dos lugares.

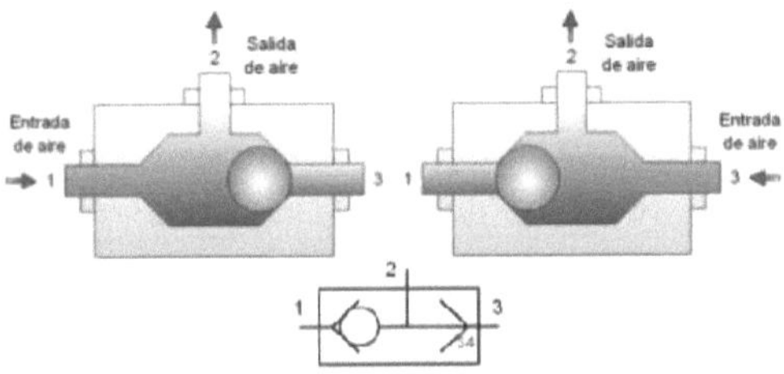

5.7.2 válvula ¨Y¨ de simultaneidad

Da señal de aire a la salida cuando sus dos entradas tienen señal. Se trata de una válvula que implementa la función AND, esto es, solo permite pasar el aire a la salida cuando hay aire con presión por las dos entradas a la vez. Se utiliza para hacer circuitos de seguridad, el cilindro solo se activará cuando existe presión en las dos entradas.

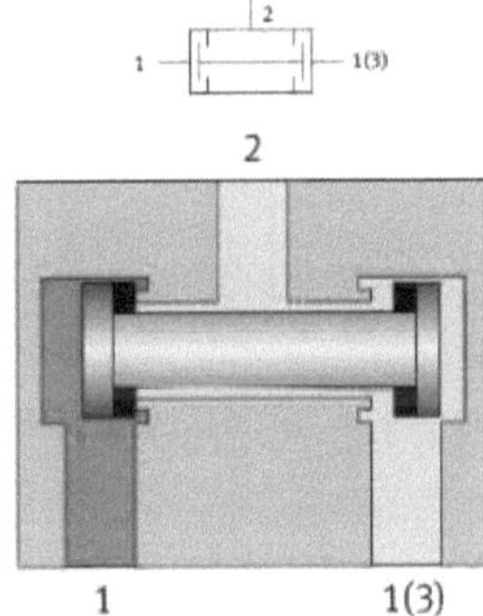

5.8 válvula de temporización

Es una válvula neumática, resultado de la combinación de otras. En concreto está formada por dos válvulas y un elemento acumulador de aire.
- Una válvula de estrangulación con anti retorno.
- Un acumulador de aire a presión.
- Una válvula distribuidora 3/2, pilotaje neumático.

El temporizador de la siguiente imagen es normalmente cerrado y cuando actúa, permite el paso del aire.

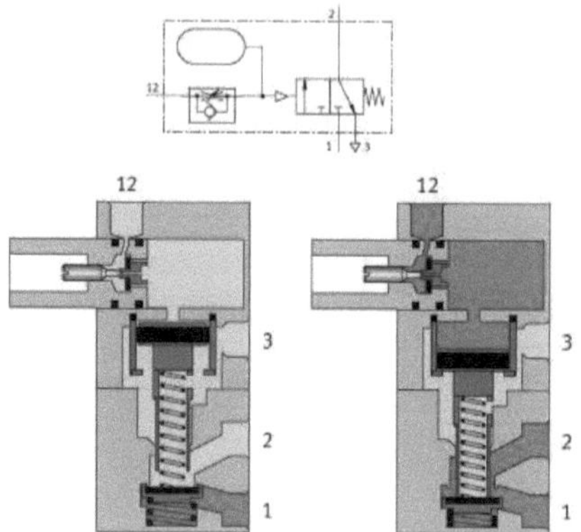

5.8.1 Tipos de Temporizadores

Dependiendo del sentido de la regulación del caudal de aire en la línea de pilotaje 12, se pueden encontrar temporizadores que regulan el tiempo de la primera conmutación de la válvula distribuidora o con temporizadores que regulan la vuelta a la posición de reposo de dicha válvula.

- con Retardo a la Conexión

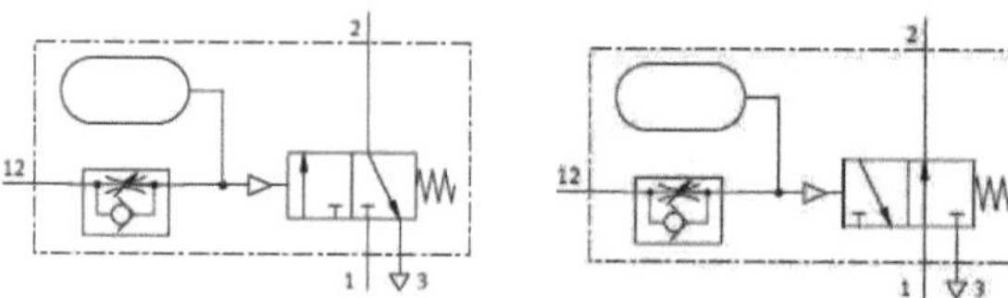

- con Retardo a la Desconexión

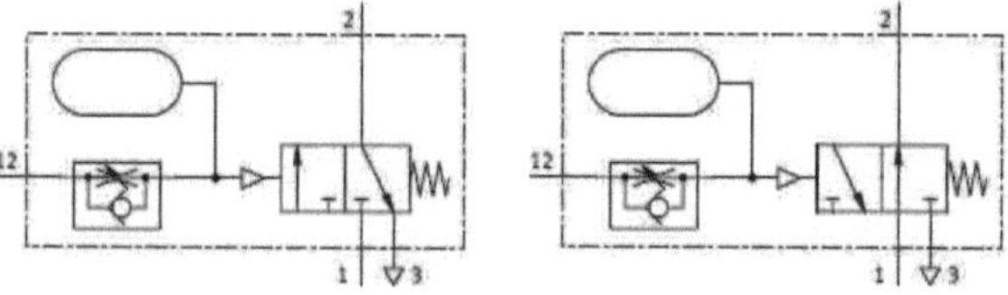

Dependiendo de la válvula distribuidora 3/2 que tengan, se pueden encontrar temporizadores normalmente cerrados (N.C.) o normalmente abiertos (N.A.- N.O.)

- Normalmente Cerrados
- Normalmente Abiertos

TEMA 6: Diseño de circuitos neumáticos

6.1 transmisión de energía

Conducto		Conducto flexible	
Fuente de presión neumático		Fuente de presión hidráulica	
Unión de conducto		Cruce de conductos	
Acumulador de aire a presión		Silenciador	
Acoplamiento rápido	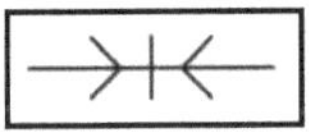	Acoplamiento rápido conectado con mecanismo de acierre de apertura mecánica	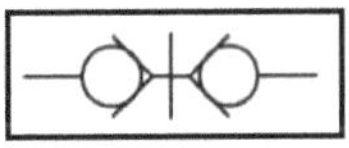
Salida de aire sin posibilidad de conexión		Salida de aire con posibilidad de conexión	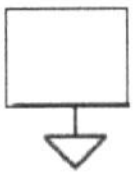
Conexión de presión cerrada		Válvula de cierre	
Filtro		Filtro con purga manual de condensados	
Filtro con purga automática de condensados		Lubricador	
Refrigerador sin conductos para el sentido de flujo del medio refrigerante		Refrigerador con conductos para el medio refrigerante	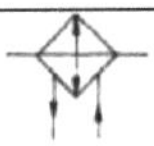
Secador		Unidad de mantenimiento	

El método consistiría en seguir los siguientes pasos:

6.2 Configuraciones básicas

1. Enunciado del problema.

Se debe concretar con frases claras, concretas, concisas y sencillas, para evitar confusiones y errores, las necesidades que se precisan cubrir al resolver del problema al que nos enfrentamos.

2. Elección de receptores.

En primer lugar, se tiene que optar por qué tipo de receptores o actuadores se van a elegir para solucionar el problema.

Generalmente se debe elegir entre cilindros de simple o doble efecto, teniendo en cuenta que los cilindros de simple efecto solamente realizan trabajo durante una carrera.

3. Elección de las válvulas distribuidoras.

Según el tipo de cilindro que se vaya a emplear, así se deben elegir las válvulas distribuidoras, teniendo en cuenta que los cilindros de simple efecto tienen una sola vía de alimentación lo que condiciona que la válvula distribuidora será 3/2. Mientras que los cilindros de doble efecto tienen dos vías de trabajo, lo que obliga a que su distribuidora sea del tipo 4/2 o 5/2.

4. Conexión interna de la válvula distribuidora.

La posición en que se encuentran los receptores en el instante inicial, determinarán como estarán conectados los conductos internos de la válvula distribuidora.

5. Órdenes de salida del vástago.

Por la vía de pilotaje de la izquierda de la válvula distribuidora, conectaremos la combinación de órdenes necesarias para provocar, que ésta adquiera la posición necesaria que dará lugar a la salida del vástago del cilindro.

6. Órdenes de entrada del vástago.

Por la vía de pilotaje de la derecha de la válvula distribuidora conectaremos la combinación de órdenes necesarias para provocar, que ésta adquiera la posición necesaria que dará lugar a la entrada del vástago del cilindro.

7. Temporizaciones.

Si fuese necesario, por necesidades del problema, se intercalarían, entre las órdenes de movimiento y las vías de pilotaje de la válvula distribuidora, los temporizadores convenientes, según se necesite que retarden la conexión o la desconexión de las órdenes de pilotaje.

8. Regulación de velocidad.

En las vías de alimentación y escape de los cilindros se conectarán los equipos adecuados, (válvulas de regulación unidireccional, o válvulas de escape rápido), para conseguir regular la velocidad del movimiento de salida o entrada de los vástagos de los cilindros.

9 Alimentación de aire comprimido.

Todas las válvulas del circuito deben estar alimentadas a partir de un compresor y un acondicionador de aire.

10. Comprobación del funcionamiento.

Al terminar el diseño, es conveniente verificar el funcionamiento, y se deben introducir las modificaciones que consideramos que mejoran el resultado.

Cuando se representa un circuito neumático la colaboración de cada elemento debe ocupar una posición en el esquema según realice una tarea u otra. El esquema se divide en varios niveles:

- Actuadores
- Elementos de control
- Funciones lógicas
- Emisores de señal, señales de control
- Toma de presión y unidad de mantenimiento

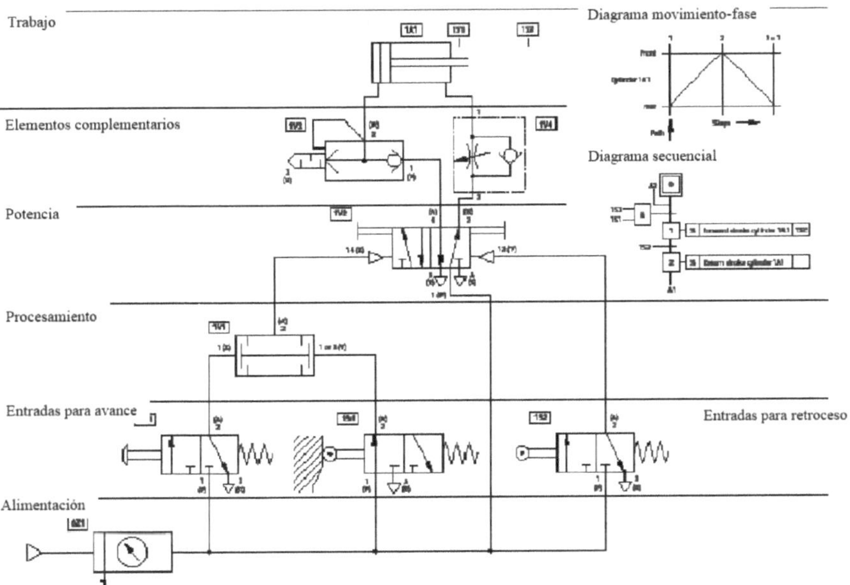

Por otra parte, cada elemento debe tener una numeración, así como cada uno de sus conexiones con arreglo a la siguiente norma:

Designación de componentes	Números
Alimentación de energía	0.
Elementos de trabajo	1.0, 2.0, etc.
Elementos de control o mando	.1
Elementos ubicados entre el elemento de mando y el elemento de trabajo	.01, .02, etc.
Elementos que inciden en el movimiento de avance del cilindro	.2, .4, etc.
Elementos que inciden en el movimiento de retroceso del cilindro	.3, .5, etc.

Ejemplos

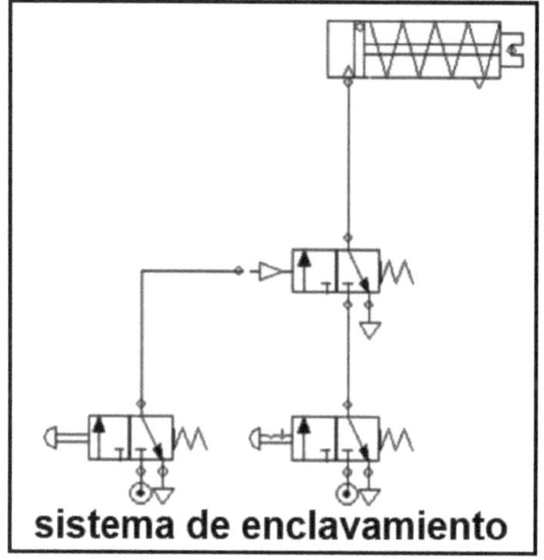

sistema de enclavamiento

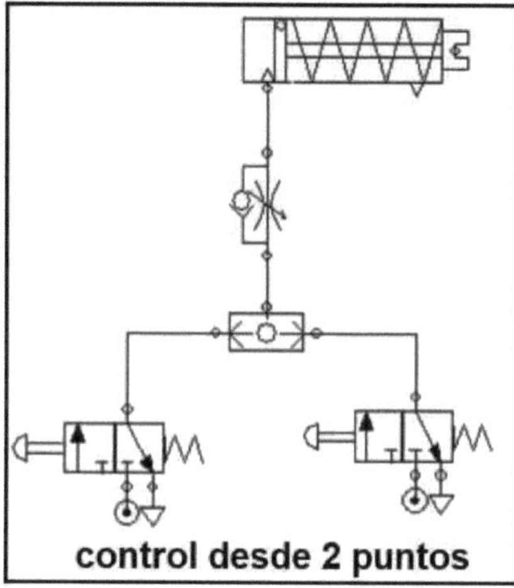

control desde 2 puntos

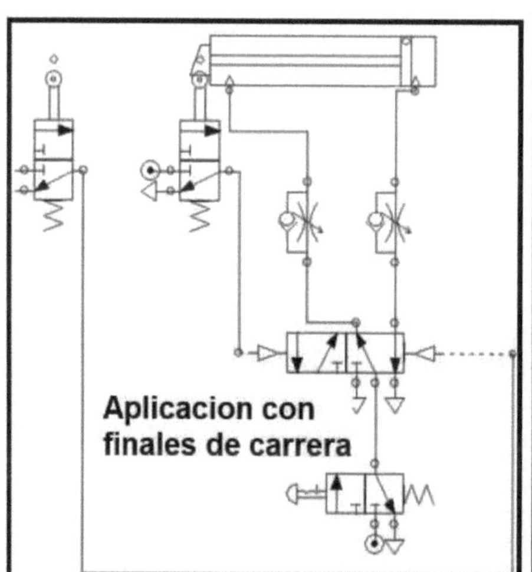

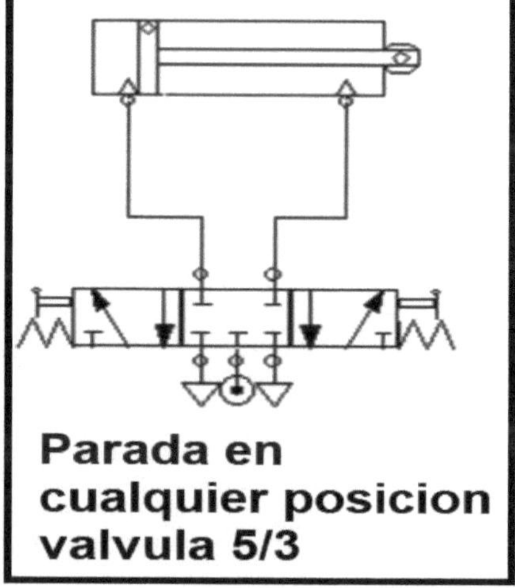

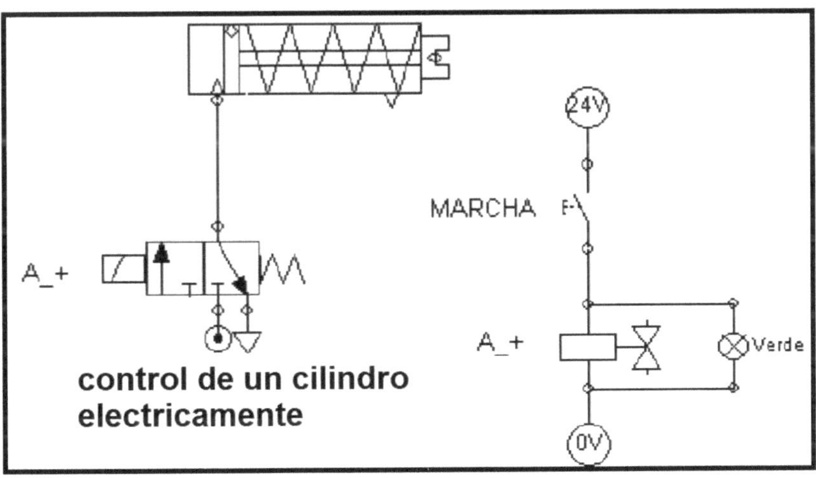
A_+
control de un cilindro
electricamente
MARCHA F-
24V
A_+
Verde
0V

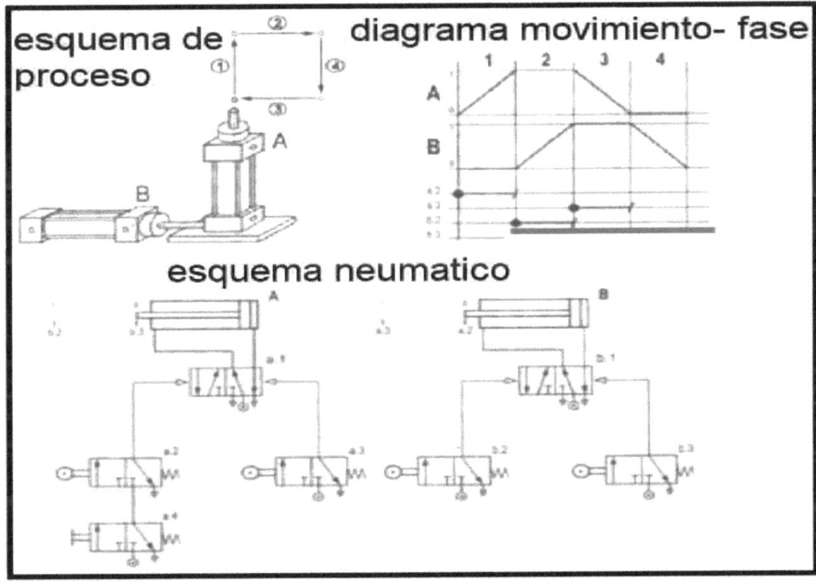
esquema de proceso
diagrama movimiento- fase
A
B
esquema neumatico

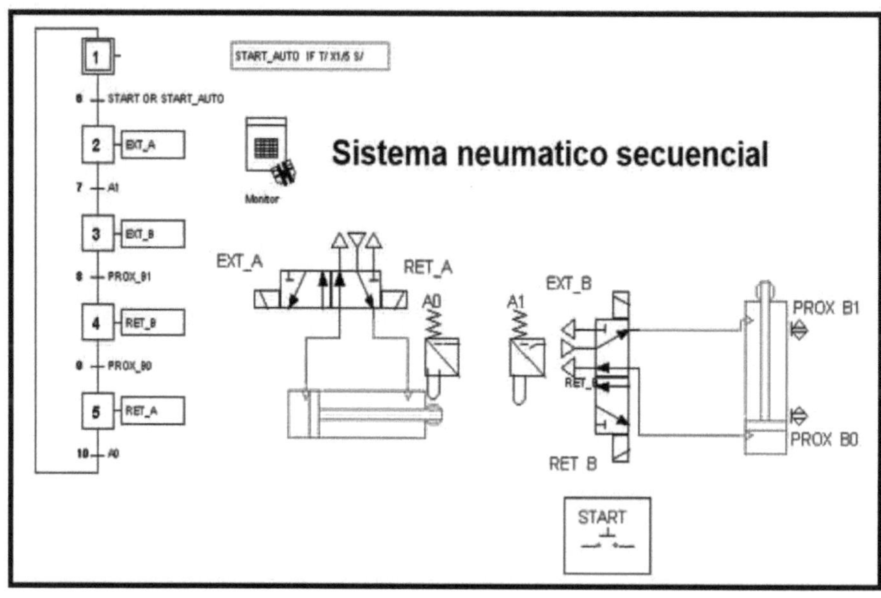
START_AUTO IF T/ X1/5 S/
1
START OR START_AUTO
2 EXT_A
A1
3 EXT_B
PROX_B1
4 RET_B
PROX_B0
5 RET_A
A0
Monitor
Sistema neumatico secuencial
EXT_A
RET_A
A0
A1
EXT_B
RET_B
RET B
PROX B1
PROX B0
START

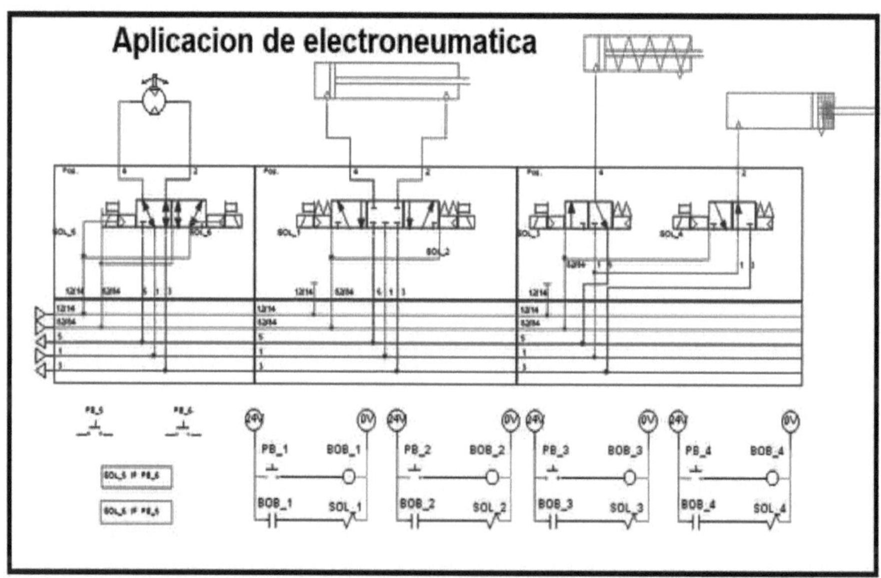
Aplicacion de electroneumatica
PB_5
PB_6
SOL_5 IF PB_5
SOL_6 IF PB_6
PB_1
BOB_1
BOB_1
SOL_1
PB_2
BOB_2
BOB_2
SOL_2
PB_3
BOB_3
BOB_3
SOL_3
PB_4
BOB_4
BOB_4
SOL_4

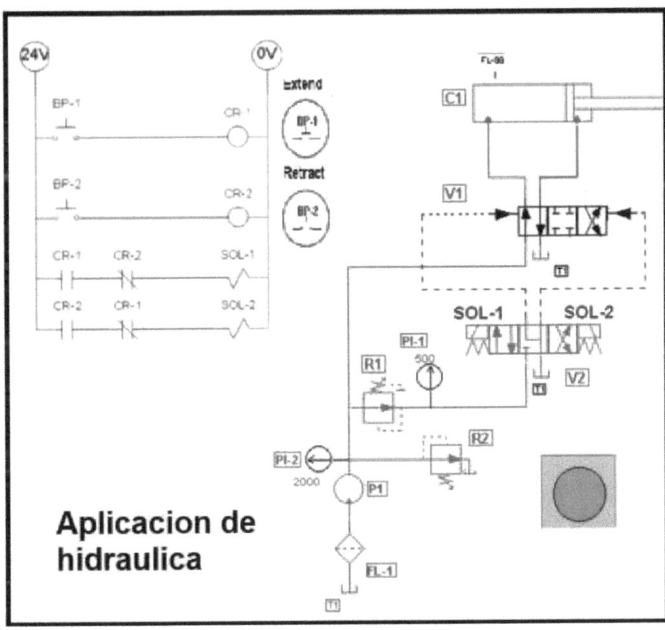

24V
0V
BP-1
CR-1
BP-2
CR-2
CR-1   CR-2   SOL-1
CR-2   CR-1   SOL-2
Extend
BP-1
Retract
BP-2
C1
V1
SOL-1   SOL-2
PI-1
500
R1
V2
PI-2
2000
R2
P1
FL-1
Aplicacion de
hidraulica

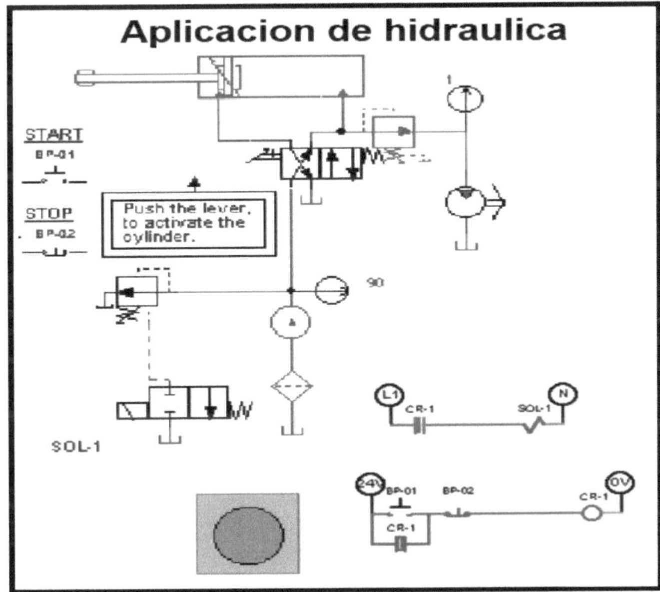

Aplicacion de hidraulica
START
BP-01
STOP
BP-02
Push the lever,
to activate the
cylinder.
SOL-1
90
L-1   CR-1   SOL-1   N
24V   BP-01   BP-02   CR-1   0V
CR-1

BIBLIOGRAFÍA

- Horacio C., Quiroz E. Redes de Aire Comprimido - Compendio de información para asignatura de Mantenimiento I. Universidad Eafit, 2003.
- Manual de Mecánica Industrial, Tomo II Cultural. S.A. Madrid, 199
- Automatización Neumática – SMC Latina
- Instrumentación Industrial CREUS, Antonio. Editorial Alfa Omega, 1999
- Carnicer, E. Aire Comprimido Teoría y Cálculo de las Instalaciones. Ed. Gustavo Gili S.A., Barcelona, 1977.
- Pnuematic Handbook
- Hydraulics and Electrohydraulics Workbook Basic Level Festo Didactic GmbH & Co, 2000
- Blanch, F. Curso de Neumática U.P.C
- Catálogo de Elementos Hidráulicos, GRUPO EATON

I want morebooks!

Buy your books fast and straightforward online - at one of world's fastest growing online book stores! Environmentally sound due to Print-on-Demand technologies.

Buy your books online at
www.morebooks.shop

¡Compre sus libros rápido y directo en internet, en una de las librerías en línea con mayor crecimiento en el mundo! Producción que protege el medio ambiente a través de las tecnologías de impresión bajo demanda.

Compre sus libros online en
www.morebooks.shop

Printed by Books on Demand GmbH, Norderstedt / Germany